DER ANTARKTISVERTRAG

RACHEL FRANKLIN

DER ANTARKTIS VERTRAG

THRILLER

BEN
EVE
NTO

Sämtliche Angaben in diesem Werk erfolgen trotz sorgfältiger Bearbeitung ohne Gewähr. Eine Haftung der Autoren bzw. Herausgeber und des Verlages ist ausgeschlossen.

1. Auflage 2020

Dieses Werk wurde durch die Verlagsagentur Lianne Kolf vermittelt.

Medieninhaber, Verleger und Herausgeber:
Red Bull Media House GmbH
Oberst-Lepperdinger-Straße 11–15
5071 Wals bei Salzburg, Österreich

Lektorat: Antje Steinhäuser
Satz: MEDIA DESIGN: RIZNER.AT
Gesetzt aus der Palatino, Veneer, Helvetica Condensed BQ
Umschlaggestaltung: www.zero-media.de, München
Umschlagfoto: Finepic ®, München
Printed by GGP Media in Germany

ISBN: 978-3-7109-0100-3

Für Opa –
der mit so viel Enthusiasmus meine Texte liest

1

Die Polizei war bereits im Morgengrauen ausgerückt und hatte sämtliche Zufahrtsstraßen in der Osloer Innenstadt gesichert. Wenig später hatten sich die ersten Demonstranten eingefunden. Lautstark Parolen brüllend, hatten sie sich zunächst vor dem Dom versammelt und waren anschließend langsam in Richtung Storting, dem Parlamentssitz, gezogen. Die Polizisten beobachteten die friedlich demonstrierenden Massen genau, sahen die verschiedenen Banner, die sie in die Höhe reckten. »Safe Antarctica« stand auf etlichen geschrieben, »Rettet die Antarktis«, und »Ingen utnyttelse av Antarktis«, »Keine Ausbeutung der Antarktis«. In ebenso vielen Sprachen wurden die Parolen gerufen, die der eisige, in diesem Jahr bereits früh einsetzende Herbstwind durch die Gassen trieb. Ganze Schwärme gelber Blätter wurden von den Ästen geweht und fielen auf die Kapuzen und Mützen der Demonstranten. Der Platz vor dem Storting war nicht annähernd groß genug, um den Massen, die der Osloer Polizeipräsident später auf etwa zwanzigtausend schätzte, genügend Platz zu bieten.

Die lautstarken Proteste der Umweltaktivisten und besorgten Bürger drangen bis ins Parlamentsgebäude und hallten gedämpft durch die Flure. Im Inneren von Saal H war davon allerdings nichts zu hören. Die dicken Türen schirmten die Vertreter der dreiundfünfzig Unterzeichnerstaaten, die zur Antarktiskonferenz zusammengekommen waren, von den Rufen der Umweltschützer komplett ab. Kein Laut der immer stärker werdenden Sprechchöre von den Straßen durchbrach die Stille, als Gunnar Hansen, der norwegische Umweltminister, ans Rednerpult trat.

Niels Andersson, CEO von Euroil, machte sich letzte Notizen auf der Kladde mit dem Emblem der norwegischen Regierung, während Gunnar Hansen die Konferenz eröffnete und allen für ihr Kommen dankte. Die Anwesenheit sämtlicher Vertreter hatte auch Niels Andersson erstaunt, hätte er doch erwartet, dass neben den neunundzwanzig stimmberechtigten Staaten nur wenige weitere Länder Abgesandte schicken würden, die dann eher eine Beobachter-, allenfalls eine Beraterrolle innehatten. Wie viele auch immer anwesend waren, er würde sie alle für seine Sache gewinnen können, da war er sich sicher. Von seinem Platz in der dritten Reihe aus musterte er die Regierungsvertreter. Viele lauschten andächtig ihrem norwegischen Kollegen. Der australische Umweltminister schien jedoch mehr von dem Emblem der norwegischen Regierung vor ihm auf dem Tisch angetan zu sein als von der Rede.

»Ich denke, wir sind uns einig, dass wir alle im gleichen Boot sitzen. Natürlich will niemand von uns das Ökosystem der Antarktis gefährden. Nichts läge mir oder meiner Regierung ferner, als diesem essenziellen Rückzugsraum so vieler Spezies Schaden zuzufügen. Allerdings müssen auch die Interessen der Menschen, unserer Bevölkerung, gewahrt werden.« Gunnar Hansen schaute aufmerksam in die Runde. Er registrierte vereinzeltes Nicken aus den Reihen der Anwesenden. Er wollte seine Eröffnungsrede dafür nutzen, die Lage zu sondieren und Verbündete für sein Anliegen zu gewinnen. Die zügige

Einberufung der Konferenz und die Fischfarm-Krise in den letzten Wochen hatten ihm keine Zeit für strategische Treffen vor der Konferenz gelassen. Die Regierungen der anderen Unterzeichnerstaaten hatten sich allesamt vor der Presse bedeckt gehalten, hatten angegeben, dass sie erst die Konferenz abwarten wollten, bevor sie sich öffentlich äußerten. Kein schlechtes Zeichen für Gunnar Hansen.

»Die Lage hat sich in den letzten Jahren dramatisch geändert. Die großen Zuwanderungsströme aus dem Ausland, immer kältere Winter und steigende Wohnungspreise machen ein entschiedenes Handeln unabdingbar.« Er hielt kurz inne, um seine Worte wirken zu lassen. »Deshalb sehen wir es als unsere Pflicht, den Antarktisvertrag zu überdenken.«

Zufrieden sah er aus den Augenwinkeln, dass der russische und der japanische Außenminister sich leicht nickend Notizen machten. Auch der US-amerikanische Umweltminister schien an einer Neuverhandlung des Antarktisvertrags Interesse zu haben. Die drei waren es aber auch nicht, die ihm in den letzten Nächten den Schlaf geraubt hatten. Vielmehr machte sich Gunnar Hansen Gedanken über die Zustimmung der EU-Mitgliedsstaaten. Sie hatten in der vorigen Woche eine Vorverhandlung gehabt, sich aber nicht auf eine gemeinsame Abschlusserklärung einigen können. Traditionell war die EU jedoch dafür bekannt, eher im Sinne des Umweltschutzes zu handeln, statt ökonomisch zu denken. Es war von grundlegender Wichtigkeit, die Zweifler in den nächsten Stunden von seiner Position zu überzeugen.

»Wenn die Belange der Natur und die menschlichen Interessen wirkungsvoll miteinander vereint werden sollen, ist eine nachhaltige Lösung für die Nutzung der Ressourcen in der Antarktis unerlässlich.«

Um seinen Worten Nachdruck zu verleihen, machte er erneut kurz eine Pause. Sein Blick verharrte auf den Vertretern der EU-Mitgliedsstaaten. Wären die Bedenken hinsichtlich des Umweltschutzes erst einmal ausgeräumt, stünde dem wohl wichtigsten Projekt seiner politischen Laufbahn nichts mehr im Weg. Bei dem Gedanken daran fingen seine Finger an zu kribbeln. Traditionell war der Posten des Umweltministers nicht gerade prädestiniert dafür, sich einen Namen zu machen. Aber wenn ihm dieses Projekt gelang, dann würde er Geschichte schreiben! Seine innere Aufregung ließ er sich jedoch nicht anmerken, er strahlte nichts als professionelle Ruhe aus. Schließlich war er Vertreter des norwegischen Volkes und musste die Würde seines Amtes wahren, zumindest nach außen.

»Und da wir die Antarktis auch für künftige Generationen erhalten wollen, treten wir für eine nachhaltige Nutzung der Ressourcen in der Antarktis ein, die es uns erlaubt, den Lebensstandard der jetzigen Bevölkerung langfristig zu sichern.«

Die Ankündigung kam nicht überraschend. Obwohl in der offiziellen Einladung lediglich von einem Überdenken des bestehenden Vertrages die Rede gewesen war, war allen Anwesenden klar, was hier wirklich ausgehandelt wurde. Bei diesem Treffen würde es darum gehen, welche Seite stärker war – die Staaten, die an Norwegens Seite in eine moderne Zukunft gehen wollten, oder die Staaten, die den Fortschritt aus Angst vor Veränderung verhindern wollten. Gunnar Hansen war bereit, harte Verhandlungen zu führen, um sein Ziel zu erreichen. Mit entschlossener Miene machte er Platz am Rednerpult für Niels Andersson.

Auf den Zuschauerrängen oberhalb des Plenums hatten sich zahlreiche Pressevertreter aus aller Welt versammelt. Die Reden wurden dort von einem beharrlichen Tastengeklicke begleitet, das nur abschwoll, wenn auch am Rednerpult eine Pause eintrat. Die Journalisten tippten unermüdlich Notizen in ihre Notebooks, um ihre Artikel und News schnellstmöglich in die Welt hinauszuschicken. Bjarne Dahl fiel dabei aus der Reihe, er hielt seine Gedanken ausschließlich in einem kleinen, ledergebundenen Notizbuch fest. Seit Beginn seiner Karriere weigerte er sich, wichtige Notizen auf einem Notebook festzuhalten. Sein Chef und seine älteren Kollegen amüsierte das – ausgerechnet der Jüngste unter ihnen verweigerte sich der modernen Technik. Aber Bjarne hatte während des Studiums von genug Fällen von Hackerangriffen auf Journalisten und Magazine gehört, um beständig auf der Hut zu sein. Bis jetzt hatte er sich zu seiner großen Enttäuschung jedoch noch keine Notizen gemacht, die irgendjemand hätte hacken wollen. Seit er vor zwei Jahren direkt nach dem Studium bei der Tageszeitung *Dagsavisen* in der Redaktion Natur und Umwelt angefangen hatte, schrieb er hauptsächlich Artikel über die Wildtiere Norwegens. Auch wenn er es durchaus für wichtig erachtete, die norwegische Bevölkerung davon zu überzeugen, dass Bienen für das Überleben der Menschen essenziell waren, hatte er sein Studium damals mit anderen Ambitionen begonnen. Bjarne hatte seinem Redakteur zwei Geschichten mit Potenzial vorgeschlagen, einen Insiderbericht über den Antibiotika-Einsatz in

Fischfarmen – ein Thema, das vor wenigen Wochen der Konkurrent *Aftenposten* veröffentlicht hatte, was einen Skandal nach sich gezogen hatte, der bis in Regierungskreise vorgedrungen war – und einen Bericht über den illegalen Handel mit Wolfspelzen ins osteuropäische Ausland. Beide Exposés waren von seinem Chef mit höflichen, aber bestimmten Worten abgelehnt worden.

Nun war Bjarne jedoch an etwas wirklich Wichtigem dran. Er konnte förmlich spüren, wie sich die Stimmung im Raum änderte, während die Umweltminister der Unterzeichnerstaaten den Ausführungen von Niels Andersson lauschten. Bjarne versuchte, die Minister im Auge zu behalten, um keine ihrer Reaktionen zu verpassen. Die Vertreter Deutschlands, Frankreichs und der Niederlande saßen allerdings mit dem Rücken zu ihm, sodass er sich allein mit dem zweifelnden Ausdruck des dänischen Umweltministers zufriedengeben musste.

Bjarne machte sich eifrig Notizen, um später jedes Detail ausgiebig zu recherchieren und einen Weg zu finden, Niels Anderssons zahlreiche Versprechen als haltlos zu entlarven. Nichts wünschte Bjarne sich mehr, als den CEO von Euroil zu enttarnen und aufzuzeigen, was dieser Mann wirklich war – ein profitgeiler Manager, der sich auf Kosten der Umwelt bereichern wollte, ohne auch nur einen einzigen Gedanken an die Folgen für kommende Generationen zu verschwenden. Die Fingerknöchel seiner linken Hand, die das Notizbuch hielt, wurden immer weißer, je mehr Bjarne sie zusammenkrampfte. Es kostete ihn Mühe, dem Kollegen neben ihm nicht seine Meinung zu sagen, während Niels Andersson die Wirkungsweise der Chemikalie erklärte, die alle Probleme beseitigen sollte.

»Wie Sie in diesem kleinen Clip sehen können, löst Oilex auch Schweröl ohne Probleme in kleinste Tröpfchen auf, die im Anschluss leicht von Bakterien zersetzt werden können.«

Niels Andersson ließ den Politikern Zeit, den Clip erneut zu betrachten, den seine Assistentin mit den langen Beinen und dem kurzen Rock zusammengestellt hatte. Er sollte sie dafür belohnen, vielleicht mit einem Wochenende auf einer abgelegenen Skihütte? Der Clip endete, und Niels Andersson fuhr mit seiner Präsentation fort, während er den Gedanken an den tiefen Ausschnitt seiner Sekretärin auf später verschob.

»Oilex ist die sicherste Methode, Ölkatastrophen zu verhindern. Wie die Vergangenheit gezeigt hat, ist es so gut wie unmöglich, Öl chemisch abzubauen. Deswegen setzen wir darauf, der Natur zu helfen, sich selbst zu helfen. Durch die feinen Tropfen, die sich bei Kontakt mit Oilex bilden, haben die Bakterien eine unendlich größere Angriffsfläche, und ausgelaufenes Öl kann zügig abgebaut werden, ohne dass höhere Lebewesen zu Schaden kommen. Euroil bietet Ihnen hiermit ein Rundumpaket: Wir verlegen sichere Leitungen, und sollte es dennoch einmal ein Leck geben und Öl austreten, sind unsere Pipelines in regelmäßigen Abständen mit Depots ausgestattet, die Oilex automatisch freisetzen, um das ausgetretene Öl umgehend zu zersetzen. Das Verfahren wurde von unabhängigen Instituten überprüft, wie Sie hier sehen können.«

Stolz wies Niels Andersson auf die Folie hinter ihm, auf der sich dicht an dicht die Logos verschiedenster internationaler Umweltforschungsinstitute drängten. »Wir stehen für eine nachhaltige Nutzung der Ressourcen unserer Erde, unsere Verfahren sind sicher, und wie Sie sehen können, haben wir nichts zu verbergen. Euroil ermöglicht eine ökonomische Nutzung ökologisch sensibler Gebiete, ohne die Zukunft kommender Generationen aufs Spiel zu setzen.«

Mit einem gewinnenden Lächeln schaute Niels Andersson in die Runde.

Bjarne Dahl konnte ein Schnauben nur mit Mühe unterdrücken. Mit wie vielen Millionen Euro Fördergeldern er diese Umweltinstitute geschmiert hatte, darüber bewahrte Niels Andersson natürlich Stillschweigen. Bjarne drückte die Spitze seines Kugelschreibers tief in sein Notizbuch, sodass sie einen kleinen blauen Krater hinterließ. Er machte mit seinem Smartphone ein Foto von der Folie, um die Beziehungen zwischen Euroil und den angegebenen Forschungsinstituten später überprüfen zu können. Ob das allein genug sein würde, um seinen Chef davon zu überzeugen, dass Euroil die Politiker und die Öffentlichkeit mutwillig hinters Licht führte?

2

Mia Thorsen saß am Montagmorgen in einem gemütlichen grünen Kapuzenpullover, ihrem Lieblingsstück, mit angewinkelten Knien in der Küche am Frühstückstisch, ihre rötlichen Haare hingen ungezähmt in ihrem Rücken. Sie hielt den Kopf über die Tasse, die Lars ihr hinstellte, und sog genüsslich den Kaffeeduft ein. Lars setzte sich ihr gegenüber, ebenfalls mit einer dampfenden Tasse Kaffee vor sich. Im Gegensatz zu Mia war er schon eine Weile wach und sah in seinem gebügelten Hemd und den dunklen Jeans bereits bürofertig aus. Seine Haare hielt er kurz, ansonsten würden die Locken überhandnehmen und wären kaum noch in den Griff zu bekommen. Er schlug die Tageszeitung auf und reichte Mia den Umwelt- und Lokalteil. Stumm nahm sie ihn entgegen. Es hatte eine Weile gedauert, aber mittlerweile hatte Lars sich daran gewöhnt, dass sie am Morgen einfach noch nicht zum Plaudern aufgelegt war, und gab sich mit einem gelegentlichen Nicken von ihr zufrieden.

Mit halb geschlossenen Augen überflog Mia die Seiten. Der Bürgermeister von Bergen, der am Wochenende einen neuen Krankenhausflügel eingeweiht hatte, lachte ihr von der zweiten Seite entgegen. Sie sparte sich die Lektüre des dazugehörenden Artikels und blätterte weiter zum Umweltteil. Der Aufmacher war von Bjarne Dahl, von dem sie erst vor Kurzem etwas gelesen hatte, als er über die Walwanderungen vor Norwegens Küste berichtet hatte. »Eine Überarbeitung des Antarktisvertrags, oder: Wird die Politik je aus ihren Fehlern lernen?«, murmelte sie den Titel vor sich hin.

»Was?« Lars blickte von seinem Teil der Zeitung auf.

»Ein Artikel über die Antarktisversammlung in Oslo am Wochenende.«

»Haben die sich auf einen Beschluss einigen können?«

Mia überflog die ersten Absätze. »Scheinbar haben sie die Entscheidung vertagt.«

Lars zuckte mit den Schultern. Im Grunde hatte er nichts anderes erwartet.

»Gunnar Hansen scheint einige Leute auf seine Seite gezogen zu haben«, stellte Mia fest.

»Bei den Gewinnen, die die Förderung von Erdöl in der Antarktis verspricht, ist das doch auch kein Wunder«, gab Lars zurück.

»Bei all den Ökosystemen, die wir bereits unwiderruflich durch unsere Gier zerstört haben, aber schon.«

»Der Mensch hat seit Jahrzehnten nichts gelernt – warum sollte es jetzt bei der Antarktis anders sein?«

Mia verzichtete auf eine Antwort. Sie wollte sich nicht schon vor der ersten Tasse Kaffee mit Lars streiten. Manchmal ging er ihr mit seinem Realismus einfach tierisch auf die Nerven. Stattdessen las sie stumm den Artikel. Scheinbar hatten sich die beteiligten Staaten darauf geeinigt, eine Expedition unter norwegischer Flagge auszusenden, um die Wirkungsweise von Euroils Chemikalie Oilex unter realen Bedingungen zu testen. Das würde die Verabschiedung eines neuen Vertrags erst einmal hinauszögern. Was wiederum den Umweltorganisationen mehr Zeit geben würde, um Munition gegen eine Überarbeitung des bestehenden Vertrags zu sammeln. Mit schlechtem Gewissen überlegte Mia, wann sie zuletzt bei einem der Greenpeace-Treffen ihrer Lokalgruppe gewesen war. Sie nahm sich fest vor, zum nächsten Treffen zu gehen und herauszufinden, wie sie die Kampagne gegen Euroil unterstützen konnte.

Mia schaute von der Zeitung auf, und ihr Blick glitt durch die Tür ins Wohnzimmer. In der Mitte des Regals, das sich über die ganze Wand zog, stand eines ihrer Lieblingsbücher: eine Ausgabe von Roald Amundsens Bericht über die Eroberung des Südpols. Die Kanten des Buchrückens waren leicht angestoßen, und die Seiten waren durch das wiederholte Lesen so knittrig geworden, dass das Buch mit der Zeit an Volumen zugenommen hatte. Nicht zum ersten Mal beneidete Mia die Wissenschaftler, die bei Expeditionen in die Antarktis dabei sein durften. Eine Fahrt durch den südlichen Ozean, auf Amundsens Spuren! Natürlich war heutzutage alles moderner – allerdings auch sicherer. Mia wäre nicht bereit gewesen, ihr Leben für den Anblick des ewigen Eises und der Pinguinkolonien zu riskieren, aber heutzutage würde sie ohne zu zögern fahren.

Mia hatte die Hoffnung, irgendwann vielleicht selbst die Gelegenheit dazu zu bekommen. Das war mit einer der Gründe, aus denen sie sich nach ihrem Biologiestudium für eine Doktorandenstelle in der Polarforschung entschieden hatte. Die Arbeit mit Krill hatte ihr ohnehin Spaß gemacht, aber die Aussicht, eines Tages an einer Expedition ins ewige Eis teilnehmen zu können und ihre Experimente im Labor mit Feldstudien zu ergänzen, hatte den Ausschlag gegeben. Auch wenn die Arbeit ihr manchmal viel abverlangte, konnte Mia es immer noch nicht glauben, dass man sie dafür bezahlte, solch ein faszinierendes Lebewesen wie Krill überhaupt zu erforschen. Sie konnte stundenlang von der Bedeutung des Krills in den Polarmeeren als wichtigste Nahrungsquelle für höhere Lebewesen und dem immens komplexen Stoffwechsel dieser winzigen Tiere erzählen. Lars machte sich des Öfteren lustig über sie, wenn sie es wieder einmal übertrieb und ihm bis ins kleinste Detail von ihrer Forschung erzählte. Er liebte sie, aber diese Faszination würde er nie verstehen. Zwar hatte er sich nach seinem Informatikstudium eine Anstellung gesucht, die ihm Spaß machte und Abwechslung bot, trotzdem war sein Job für ihn nicht mehr als ein Mittel zum Geldverdienen. Er war in einer kleinen Beraterfirma für IT-Sicherheit gelandet, mit vorhersehbaren Abläufen und geregelten Arbeitszeiten. Mia konnte dagegen nicht so einfach abschalten wie Lars, wenn sie nach Hause kam. Lars wollte manchmal einfach nicht verstehen, dass Experimente nicht nur acht Stunden am Tag liefen, sondern auch manchmal in der Nacht Proben genommen werden mussten. Mias teils schwierige Arbeitszeiten waren ein ständiger Streitpunkt in ihrer Beziehung. Als Ausgleich zu ihren stark variierenden Arbeitszeiten arbeiteten sie beide manchmal zu Hause und bestellten sich mittags Pizza, die sie dann während einer ausgedehnten Pause je nach Wetterlage auf der Couch oder dem Balkon verspeisten.

Mia riss sich von ihren Tagträumen los und machte sich fertig für die Uni. Obwohl es September war, brachten die eisigen Nordwinde Schneeregen mit sich, sodass Mia sich in ihren Mantel und einen dicken Schal wickelte. Sie verabschiedete sich von Lars, der ein wenig später aufbrechen würde. Als Mia die Tür hinter sich schloss und ihre Kapuze weit ins Gesicht zog, um sich gegen den böigen Wind zu schützen, wünschte sie sich, sie könnte es sich auch heute neben Lars mit ihrem Laptop auf der Couch gemütlich machen.

Mia hatte es nicht weit, bereits nach einer Viertelstunde erreichte sie die Universität. Sie klopfte sich den nassen Schnee in der Eingangshalle von ihrem Mantel, bevor sie die Stufen in den vierten Stock hinaufstieg. Die vielen kleinen Schneematschhaufen, die sie auf dem hellen Marmorboden hinterließ, begannen rasch zu schmelzen.

Im Büro saß Friederike, ebenfalls eine Doktorandin ihrer Arbeitsgruppe, mit geröteten Augen an ihrem Computer. Sie hatte eine quietschgelbe Thermoskanne vor sich stehen, aus der Wasserdampf aufstieg, daneben einen Matebecher, den sie sich von einer Reise nach Peru mitgebracht hatte und auf dessen Boden die grünen Blätter ihr Aroma ins Wasser abgaben.

»Wie war die Demo?«, wollte Mia wissen.

»Na ja … wir sind nicht wirklich bis zum Storting vorgedrungen, weil die Polizei nur die ersten paar Tausend auf den Platz gelassen hat. Also standen wir in irgendeiner Nebenstraße. Und die Rückfahrt hat ewig gedauert, bis wir mal aus Oslo raus waren …«

Einerseits wünschte Mia sich, sie wäre mit Friederike und deren Freunden mitgefahren, um gegen eine Änderung des Antarktisvertrags zu demonstrieren. Sie wusste, dass sie mehr für den Umweltschutz tun könnte. In letzter Zeit hatte sie ihr Engagement für Greenpeace ziemlich zurückgeschraubt. Allerdings hatte sie die vorigen beiden Wochenenden gearbeitet und hatte Lars nicht auch noch am dritten Wochenende in Folge allein lassen wollen. Sie musste schließlich auch an ihre Beziehung denken. Und auch wenn Lars den Müll trennte und durchaus an einer nachhaltigen Nutzung der Natur interessiert war, hätte Mia ihn nie dazu überreden können, seinen Sonntag bei einer Demonstration für die Rettung der Antarktis zu verbringen.

Bevor Mia ihre Kollegin weiter ausfragen konnte, trat Henrik ins Büro. Seine blauen Augen funkelten, und trotz seiner kräftigen Statur und beachtlichen Größe von fast zwei Metern sah er aus wie ein kleines Kind an Weihnachten.

»Hast du die Nachrichten gelesen?«, fragte er Mia. »Sie wollen eine Expedition in die Antarktis aussenden.«

Mia nickte, kam jedoch nicht dazu, ihm zu antworten, weil er sie gar nicht zu Wort kommen ließ.

»Ich werde einen Antrag auf zwei Plätze auf dem Schiff einreichen. Ich will die Auswirkungen von Oilex auf die antarktische Krillpopulation untersuchen. Bis jetzt gibt es dazu nur lückenhafte Laborversuche mit arktischem Krill.«

»Na, dann drücke ich dir die Daumen, dass der Antrag durchgeht«, antwortete Mia.

Sie freute sich für Henrik. Auch nach Jahren in der Forschung konnte er sich noch unbändig über bestimmte Projekte oder Ergebnisse freuen und sie immer wieder mit seiner Euphorie anstecken. Erst letzte Woche hatte er ihr mit strahlendem Gesicht von seinen neuesten Experimenten erzählt und sie mit ins Labor gezogen, um ihr seine Versuchsreihen zu zeigen.

»Was hältst du davon, mich auf das Schiff zu begleiten?«, fragte er sie jetzt. »Wenn der Antrag durchgeht, könnte ich deine Unterstützung gut gebrauchen. Und ich denke, dass die Forschung an den Auswirkungen von Oilex auf die Schlüsselart in der Antarktis durchaus zwei Wissenschaftler rechtfertigt.«

Mia starrte Henrik für einen Augenblick an, während sie seine Worte verarbeitete. Dann nickte sie und begann mindestens genauso zu strahlen wie Henrik. »Das wäre fantastisch! Ich wäre auf alle Fälle dabei.«

Sie musste sich zwingen, mit diesem eifrigen Nicken aufzuhören, wenn sie nicht wie ein Wackeldackel aussehen wollte.

»Super … wir müssen uns umgehend um den Antrag kümmern. Die Deadline ist bereits nächsten Montag, das heißt, wir haben nicht viel Zeit.«

Mia nickte wieder eifrig und versuchte, die belustigten Blicke von Friederike zu ignorieren. »Nächsten Montag schon? Das wird wirklich eng. Aber egal. Was muss ich machen?«

Für einen Platz auf einem Schiff in die Antarktis hätte sie den Antrag auch im Alleingang geschrieben. Sie knetete ihren Schal, den sie immer noch in den Händen hielt, um ihre Aufregung zu verbergen. Es schien, als hätten ihr Henriks Worte einen Energieschub verpasst, und diese Energie wollte jetzt unbedingt an die Oberfläche. Am liebsten hätte sie Freudensprünge gemacht.

»Ich würde dich bitten, den Abschnitt über den Hintergrund zu verfassen – warum ist der Krill so wichtig, was bedeutet er für das Ökosystem Antarktis, wie anfällig ist er generell für Schadstoffe und was wurde bereits mit Oilex getestet – Konzentrationen, Temperaturbereiche, welche Lebenszyklen des Krills etc. Alles, was du herausfinden kannst.«

Mia stand über das Notizbuch auf ihrem Schreibtisch gebeugt und machte sich konzentriert Stichpunkte.

»Komm doch kurz mit in mein Büro, dann können wir die Einzelheiten besprechen.«

Mia folgte Henrik über den Flur, den Schal immer noch gedankenverloren in der Hand. Hinter seinem Rücken stahl sich ein breites Grinsen auf ihr Gesicht. Der Raum lag nur wenige Türen weiter, aber sein Bürofenster zeigte nicht zum Parkplatz hinaus, wie ihres, sondern zu der Grünfläche hinter dem Gebäude, die von der Uni vornehm als Park bezeichnet wurde. Von Henriks Schreibtisch aus konnte man die wenigen Studenten beobachten, die in ihre Jacken gehüllt über den Campus liefen. Weit dahinter, den Hügel hinunter, waren die bunten Häuser des Hafenviertels Bryggen zu erkennen.

Henrik hielt ihr ein beidseitig bedrucktes Blatt Papier hin. »Das sind die formellen Kriterien für den Antrag.«

Mia überflog die Zeilen und stellte fest, dass der Antrag insgesamt nicht mehr als fünf Seiten haben sollte – nicht viel, wenn sie ihr Projekt im Detail beschreiben wollten.

»Ich kümmere mich um den Methodenteil, die Zeitplanung und die Kostenaufstellung«, erklärte Henrik. »Wenn du außerdem noch einen Absatz schreiben könntest, warum genau du für dieses Projekt geeignet bist, wäre das super.«

Mia schluckte. Selbstlob gehörte nicht gerade zu ihren Stärken. Sie wollte Henrik jedoch nicht widersprechen.

»Das Forschungsschiff, die ›Kronprins Haakon‹, wird nächsten Monat in Richtung Kapstadt aufbrechen. Die anderen geplanten Expeditionen sind erst einmal auf Eis gelegt. Wirtschaft und Politik haben hier ein Thema entdeckt. Die Antarktis und die Auswirkungen von Oilex haben oberste Priorität.«

Mia konnte sich vorstellen, wie enttäuscht und wütend die betroffenen Wissenschaftler sein mussten. Monate, vielleicht sogar Jahre der Planung waren womöglich ins Leere gelaufen.

»Die Ausfahrt würde bereits Anfang Dezember beginnen«, erklärte Henrik weiter. »Das heißt, wenn wir bis Ende September den Antrag einreichen, bleiben uns noch sechs Wochen zum Packen. Die Regierung hat zugesagt, innerhalb von zwei Wochen über die Anträge zu entscheiden. Wir sollten also sicherheitshalber nächste Woche anfangen zu planen – zumindest für die Sachen, die wir noch bestellen müssen. Wenn du dazu kommst, überprüf doch bitte im Lager, was wir noch haben.«

Mia machte sich eine Liste mit ihren Aufgaben für die Woche. Die Ergebnisse ihres letzten Experiments würde sie diese Woche wohl nicht mehr mit Henrik besprechen.

»Die Kosten für die Ausfahrt werden zum Teil von Euroil getragen, trotzdem wird die Regierung über die Finanzierung der Anträge entscheiden, um eine unabhängige Begutachtung zu gewährleisten«, erklärte Henrik.

»Ist das ein internationaler oder ein nationaler Aufruf?«, fragte Mia. Sie hätte zu gern gewusst, wie ihre Chancen auf eine Finanzierung und damit auf einen Platz an Bord auf der Fahrt in die Antarktis standen.

»Der Aufruf gilt für alle Länder, die das Antarktisabkommen unterzeichnet haben. Wir müssen sehen, wer sich sonst noch bewirbt und ob die Regierung den Krill als wichtig genug ansieht.«

Mia nahm sich vor, die Bedeutung des Krills so deutlich hervorzuheben, dass auch dem letzten Politiker klar werden musste, wie wichtig ihre Teilnahme an der Expedition war. Während Henrik ihr noch weitere Formsachen erklärte, träumte Mia bereits vom ewigen Eis. Würde sie endlich in die Antarktis fahren? Sie, die Tochter zweier Lehrer, die ihren Sommerurlaub jedes Jahr in ihrem Ferienhaus in Schweden verbrachten, auf Amundsens Spuren! Vor ihrem inneren Auge sah sie sich in einem dicken Thermoschneeanzug über das Eis stapfen.

Henrik riss sie aus ihren Tagträumen. »Dann mal ab an die Arbeit.«

Mia nickte und ging zurück in ihr Büro, wo sie ihr Handy aus der Jackentasche kramte. Während sie darauf wartete, dass ihr altersschwacher Computer hochfuhr, schrieb sie Lars eine kurze Nachricht, um ihm von dem Antrag zu berichten. Auch wenn sie wusste, dass er vor der Mittagspause nicht auf sein Handy schauen würde, wollte sie ihm so schnell wie möglich davon berichten. Für Notfälle hatte sie zwar auch seine Büronummer, aber als Notfall konnte sie ihm ihre Situation schlecht verkaufen.

Mia versuchte, sich auf ihre Arbeit zu konzentrieren. Sie würde nie in die Antarktis fahren, wenn sie nicht einmal den Antrag fertigbekam. Aber bereits nach wenigen Minuten schweiften ihre Gedanken wieder ab, und sie fragte sich, wie sich wohl der eiskalte Wind der Antarktis auf ihren Wangen anfühlen würde.

Nachdem auch die zweite Tasse Kaffee des Tages nicht den gewünschten Erfolg brachte, gab Mia fürs Erste auf und ging ins Labor, um ihre Vorräte an Verbrauchsmaterialien in Augenschein zu nehmen. Nachdem sie eine Liste mit sämtlichen Spritzen, Filtern, Eppendorf-Röhrchen und Petrischalen erstellt hatte, schickte sie Henrik die Bestandsliste und machte sich mit aufgeräumten Gedanken an die Recherche für den Antrag. Den Absatz über die Bedeutung des Krills zu schreiben fiel ihr nicht schwer, hatte sie doch schon so oft in ihren Präsentationen und Artikeln ihre Forschung rechtfertigen müssen. Da Henrik sich nicht sicher gewesen war, ob die Anträge von einer rein wissenschaftlichen Kommission oder auch von Politikern beurteilt werden würden, bemühte Mia sich um einen dramatischen Einstieg in die Thematik, indem sie auf die Fehler, die die Menschheit in der Vergangenheit gemacht hatte, zu sprechen kam. Sie beendete den Absatz mit einer Beschreibung, wie sich das gesamte Ökosystem aufgrund von Überfischung unterschiedlicher Arten bereits vor Jahren dramatisch geändert hatte. Krill diente als grundlegende Nahrungsquelle für zahlreiche Jäger wie Robben, Wale, Meeresvögel und auch Pinguine im südlichen Ozean. Ein Einbruch der Krillpopulation zog in den meisten Fällen auch einen Einbruch der Jägerpopulation nach sich. Salpen, die sich ebenfalls wie Krill von kleinsten Algen ernährten und dem Krill so Konkurrenz machten, konnten seine ökologische Nische übernehmen. Diese fast durchsichtigen Meerestiere, die größtenteils aus einem Kiemendarm bestehen, der gleichzeitig zur Nahrungsaufnahme und Fortbewegung dient, sind allerdings weniger nahrhaft und werden von weniger Arten gefressen. Durch die Salpen-Konkurrenz konnte sich die Krillpopulation trotz drastischer Schutzmaßnahmen nur langsam erholen. Schließlich führte Mia aus, wie negativ sich die Reduktion ihrer Futterquelle auf die Walpopulationen auswirken würde.

Sie überarbeitete ihren Text, bis sie mit den Formulierungen zufrieden war. Im zweiten Durchlauf hatte sie ihre Wortwahl doch ein wenig abgeschwächt. Sie wollte nicht zu kämpferisch auftreten, schließlich schrieb sie kein Flugblatt für den WWF oder Greenpeace, sondern musste Politiker davon überzeugen, Geld in ihre Arbeit zu investieren.

Als sie schließlich einigermaßen zufrieden war, machte Mia sich daran, die Reaktionen von Krill auf Oilex zu recherchieren. Der erste Artikel, den sie fand, handelte von den Auswirkungen von Oilex auf die Wachstumsgeschwindigkeit von Krill. Die Zusammenfassung klang vielversprechend, und Mia klickte auf den Link, um den gesamten Artikel zu lesen, musste aber feststellen, dass der Artikel nicht öffentlich zugänglich und nur in Verbindung mit einem Jahresabo der Zeitschrift zu haben war. Also wandte sie sich dem zweiten Artikel zu, der die Wirkung von Oilex auf die Rate der Eiproduktion in weiblichem Krill untersuchte. Doch auch dieser Artikel war nicht öffentlich zugänglich, und mit den Zusammenfassungen allein konnte Mia wenig anfangen. Nicht anders erging es ihr mit dem dritten Artikel. Allmählich wuchs Mias Frustration.

Eine halbe Stunde später hatte sie die Zusammenfassungen sämtlicher Artikel zu den Auswirkungen von Oilex auf Krill gelesen. Kein einziger war öffentlich verfügbar. Sie beschloss, Henrik eine E-Mail zu schreiben, vielleicht verfügte er über einige dieser Artikel oder wusste zumindest, ob sie noch Budget zur Verfügung hatten, um sich Zugang zu den wichtigsten davon zu verschaffen. Keiner der Artikel war in den gängigen Fachzeitschriften erschienen, die die Universität abonniert hatte und die den Forschern kostenlos zur Verfügung standen.

Wenige Minuten später hatte Mia die ernüchternde Antwort von Henrik: Den Zugang in der Verwaltung zu beantragen würde zu lange dauern, ihnen blieb also nichts anderes übrig, als ihre Informationen aus den Zusammenfassungen zu beziehen, die es allesamt vermieden, konkrete Zahlen zu nennen. Also versuchte Mia so gut es ging, den Hintergrund der bisherigen Forschungen zu beschreiben, ohne allzu konkret zu werden. Immer und immer wieder formulierte sie den Absatz um, doch der Text wurde trotzdem keinen Deut konkreter.

Mias Laune hob sich ein wenig, als sie gegen Nachmittag einige Artikel über die generelle Wirkungsweise von Oilex fand. Dass die Artikel jedoch allesamt von der Euroil-Webseite stammten, fand Mia alarmierend. Wie zu erwarten war, stützten die Forschungen die Ergebnisse, die Mia am Morgen bereits in der Zeitung gelesen hatte. Oilex sollte mit den einzelnen Öltropfen wechselwirken (die genaue Physik dahinter verstand Mia nur ansatzweise) und dann das Öl in immer kleinere Tröpfchen aufteilen, damit anschließend Bakterien eine möglichst große Angriffsfläche hatten, um das Öl zu zersetzen. Indem Oilex sich direkt an die Öltropfen anlagerte, würden Wechselwirkungen zwischen Oilex und der Umwelt minimal gehalten. Mia war jedoch nicht überzeugt. Und die Anzahl an unabhängigen Studien war nur allzu überschaubar. Von ihren persönlichen Antarktisträumen abgesehen, kam Mia immer mehr zu der Überzeugung, dass eine unabhängige Prüfung der Auswirkungen von Oilex auf den Krill von essenzieller Bedeutung war.

Als Mia am Abend mit Lars am Esstisch saß, brachte sie vorsichtig das Gespräch auf den geplanten Antrag. Lars hatte noch nicht auf ihre Nachricht vom Vormittag reagiert. »Henrik will sich für zwei Plätze auf dem Schiff bewerben, das in die Antarktis fahren wird.«

»Und wer soll die zweite Person sein?« Lars sah sie forschend an.

Mia schluckte. Vielleicht hätte sie doch einen anderen Einstieg in das Gespräch wählen sollen. »Er hat mir den Platz angeboten. Immerhin bin ich die Einzige in der Gruppe, die mit Krill arbeitet, da ist es ja nur logisch, wenn er mich um Unterstützung bei einem Projekt über die Auswirkungen von Oilex auf Krill bittet.«

»Und wie lange wärst du weg?«

Mia konnte sich nicht entscheiden, ob Lars' Stimme ehrliches Interesse oder zunehmende Gereiztheit verriet. Sie versuchte, optimistisch zu bleiben. »Die Ausfahrt wäre für ungefähr zwei Monate. Im Dezember und Januar.«

»Dann wärst du also über Weihnachten und Neujahr weg«, stellte Lars fest.

Mia wollte die Stille im Raum füllen, wusste aber nicht recht, was sie dazu sagen sollte. Also begnügte sie sich damit, aufmerksam Lars' Gesicht zu studieren.

»Wir haben den anderen für das lange Wochenende in den Bergen zwischen Weihnachten und Neujahr schon zugesagt.«

Daran hatte Mia überhaupt nicht gedacht. Sie bezweifelte allerdings auch, dass einer ihrer Freunde es ihr übel nehmen würde, wenn sie die einmalige Chance wahrnehmen und lieber in die Antarktis statt in die Berge fahren würde.

»Ich weiß, aber du kannst ja trotzdem fahren.«

»Mit einem Haufen Pärchen?«

»Ach, so ist das doch gar nicht, wir würden sowieso viel in der Gruppe machen. Und ihr Männer würdet wahrscheinlich ohnehin meistens zusammen fahren, weil ihr viel schneller unterwegs seid. Wie viel Zeit würden wir schon zu zweit während des Urlaubs verbringen?«, versuchte Mia ihre Abwesenheit herunterzuspielen.

»Zumindest mehr Zeit, als wenn du auf der anderen Seite der Erde bist.«

Darauf fiel Mia keine Erwiderung ein, also schwieg sie.

»Ich will dich ja unterstützen«, nahm Lars nach einer gefühlten Ewigkeit das Gespräch wieder auf. »Und ich weiß, wie lange du schon davon träumst, in die Antarktis zu fahren. Es wäre nur schön gewesen, ein wenig früher vorgewarnt zu werden.«

»Ich weiß, aber es kam ja für uns alle ziemlich überraschend.« Mia ersparte es sich, genauer zu erklären, dass Henrik selbst erst am Wochenende von dem Aufruf für die Anträge erfahren hatte. Sie wollte nicht schon wieder mit Lars wegen der Arbeit streiten. »Wir können doch erst mal abwarten, wie die Bewerbung läuft. Wahrscheinlich wird unser Antrag sowieso nicht angenommen. Also brauchen wir jetzt nicht im Detail eine Sache zu diskutieren, die vielleicht gar nicht spruchreif wird.«

Lars nickte, und Mia begann das Gespräch auf andere, deutlich weniger heikle Themen zu lenken.

3

An einem verregneten Mittwochmorgen ein paar Wochen später, es war inzwischen Ende Oktober, stürmte Henrik in Mias Büro. »Der Antrag ist genehmigt worden!«

Mia brauchte eine Sekunde, um zu begreifen, dass Henrik von dem Antarktisantrag sprach. Sie war gerade tief in einen Artikel über die Auswirkungen von steigenden Temperaturen auf die Vermehrungsrate von Krill vertieft gewesen.

»Ich habe heute Morgen die E-Mail bekommen, in vier Wochen geht es los! Wir haben noch viel zu packen und zu planen, und ich muss unbedingt mit Pål wegen der Inkubationskammern reden … Kannst du dich um die Zargesboxen und das Verbrauchsmaterial kümmern? Die Zollpapiere müssten auch schleunigst abgeschickt werden.«

In seiner Euphorie ließ Henrik Mia gar keine Möglichkeit, auf all die Neuigkeiten zu reagieren. Stattdessen notierte sie sogleich eine Liste mit den Dingen, die er ihr auftrug. Als Henrik wieder aus dem Büro verschwunden war, um sich an die weitere Organisation der Ausfahrt zu machen, drehte Mia sich zu Friederike um.

»Ich fahre in die Antarktis!«, platzte es aus ihr heraus. Jetzt erst realisierte sie voll und ganz, dass ihr Traum wahr werden würde. Sie stand auf und umarmte ihre Freundin und Kollegin. Am liebsten wäre sie eine Runde durchs Büro getanzt, aber das schien ihr dann doch unpassend. Auch wenn sie gerade eine lange Liste mit Aufgaben von Henrik bekommen hatte, an Arbeit war im Moment nicht zu denken. Stattdessen ging Mia in die Küche und machte für sich und Friederike Kaffee. Langsam und vorsichtig trug sie die Tassen zurück zum Büro. Ob Koffein in ihrem sowieso schon aufgekratzten Zustand eine gute Idee war, hatte Friederike zwar angezweifelt, aber Mia war durch jahrelangen intensiven Kaffeekonsum abgehärtet. Nachdem die beiden ausgiebig über die kommende Ausfahrt gesprochen hatten, wie die Kälte sich wohl anfühlte, ob sie Wale sehen würde und wie es mit den anderen Forschern an Bord sein würde, machte sich Mia im Labor daran, die ersten Kisten zu packen. Vier Wochen waren nicht viel Zeit. Zum Glück hatte Henrik bereits vor zwei Wochen alle größeren Anschaffungen bestellt. Ein Großteil des Verbrauchsmaterials war schon eingetroffen und stand im Lager.

Mia zweifelte nicht daran, dass sie rechtzeitig mit den Vorbereitungen fertig würden. Seitdem sie die Nachricht bekommen hatte, dass sie tatsächlich in die Antarktis fahren würde, fühlte sie sich, als wäre alles möglich. Obwohl das auch bedeutete, dass sie am Abend mit Lars darüber reden musste, dass sie also tatsächlich nicht mit in den gemeinsamen Urlaub fahren würde. Sie wischte den Gedanken weg und konzentrierte sich auf ihre Aufgabe. Henrik und sie hatten gemeinsam eine Packliste erstellt, die Mia nun ausgedruckt neben drei offene Aluminiumkisten legte, um alles abzuhaken, was sie eingepackt hatte. Jeder Kiste hatte sie eine individuelle Nummer zugewiesen, die sie samt einer Inventarliste auf alle fünf sichtbaren Flächen klebte, damit sie ihre Kisten auf dem Schiff identifizieren konnten, auch wenn ihre Palette in der hintersten Ecke stand.

Zurück im Büro notierte Mia all jene Dinge, die sie für sich selbst noch besorgen musste und in die Kisten packen würde. Da Shampoo und Duschgel zwar nicht teuer, aber relativ schwer waren, wollte sie nicht für zwei Monate Vorräte im Flugzeug mitschleppen. Auf einer zweiten Liste hielt sie ihre persönlichen Sachen fest, die sie mit aufs Schiff nehmen wollte. Ein paar warme Pullover, extra Unterwäsche und ein Lautsprecher fürs Labor durften nicht fehlen.

Auf dem Heimweg ging Mia nach einem ausgiebigen Einkauf in der Drogerie beim Inder vorbei, um fürs Abendessen Chicken Tikka Masala und Aloo Gobi mitzunehmen. Vielleicht würde das Lars ein wenig besänftigen. Zu Hause richtete sie alles auf dem Esstisch an und stellte drei Kerzen dazu. Als sie Lars die Tür aufschließen hörte, entschied Mia kurzerhand, dass die Kerzen doch ein wenig übertrieben waren, und stellte sie schnell zurück in das Regal im Wohnzimmer. Außer zu Geburtstagen oder Feiertagen hatten sie nie Kerzen auf dem Tisch. Sie wollte Lars nicht reizen, indem sie auch noch feierte, dass sie ihn alleine in den Urlaub fahren ließ.

»Wow, Indisch, das riecht man ja schon im Treppenhaus«, freute sich Lars. »Hab ich irgendwas verpasst? Gibt es einen Anlass?«

Mia gab nur einen unbestimmten Laut zur Antwort, während sie Gläser aus dem Schrank holte.

Lars wickelte sich den Schal vom Hals, bevor er in die Küche trat und den Esstisch begutachtete.

»Heute wurde die Entscheidung vom Komitee der Antarktisexpedition bekannt gegeben«, begann Mia. Besser gleich aufs Wesentliche kommen, als lange drum herumzureden. Sie holte tief Luft. »Wir haben die beiden Plätze.« Unsicher sah sie Lars an.

»Wow.« Mia konnte keinerlei Regung in Lars' Gesicht erkennen. »Das heißt, dein Traum geht in Erfüllung!«

Mit drei Schritten hatte Lars die Küche durchquert und drückte Mia an sich. Erleichtert schlang sie die Arme um ihn und genoss den Moment der Freude.

Langsam löste sie sich aus seiner Umarmung. »Das heißt aber auch, dass ich über Weihnachten und Neujahr nicht hier sein werde.« Sie knetete unsicher ihre Hände.

»Einmal werde ich das wohl verkraften können. Wenn das heißt, dass du endlich in die Antarktis kannst. Und natürlich nur unter der Bedingung, dass du jede Kleinigkeit in Bildern festhältst und ich regelmäßig per E-Mail und Telefon über sämtliche Wal- und Pinguinsichtungen informiert werde.« Er lächelte sie an und gab ihr einen Kuss auf die Stirn.

Mia wünschte sich, sie hätte nicht nur Essen geholt, sondern ein Drei-Gänge-Menü für Lars gekocht. Dass er so verständnisvoll reagieren würde, hätte sie nicht erwartet. Fast schon hatte sie ein schlechtes Gewissen, dass sie ihm nach dem Umzug nach Bergen schon wieder ihren Willen aufdrückte. So einen Freund wie Lars hatte sie gar nicht verdient.

»Wir könnten ja zusammen wegfahren, wenn ich wieder da bin. Irgendwo in den Winterurlaub«, schlug sie als Wiedergutmachung vor.

»Oder ins Warme«, überlegte Lars.

Mia warf einen Blick in ihren Kalender. »Ich komme am dritten Februar aus Kapstadt zurück. Wenn du willst, können wir gleich das Wochenende darauf verreisen.«

»Oder du kommst gar nicht erst aus Kapstadt wieder.«

Mia stutzte. Das klang fast so, als versuchte Lars, sie vor die Tür zu setzen.

»Stattdessen könnte ich nach Kapstadt kommen, und wir machen in Südafrika Urlaub«, erklärte Lars, doch als er ihren verunsicherten Gesichtsausdruck sah, war er nun derjenige, der stutzte. »Du siehst ja aus, als hätte ich Urlaub in Sibirien vorgeschlagen.«

Mia lachte erleichtert. »Nein, nein. Das klingt gut. Südafrika ist bestimmt wunderschön.«

Höchstwahrscheinlich hätte sie in dieser Situation auch einem Urlaub in Sibirien zugestimmt, wenn Lars dorthin gewollt hätte. Da war Südafrika definitiv die bessere Alternative. Vor ihrem inneren Auge sah sie sich bereits mit Lars auf der Veranda im Kruger-Nationalpark sitzen und bei einer Tasse Tee Giraffen beobachten.

4

Die nächsten Wochen vergingen wie im Flug, und schon hatte das eisige Winterwetter Bergen fest im Griff. Mia lag eng an Lars gekuschelt im Bett, als der Wecker sie aus dem Schlaf riss. Sie drückte die Snoozetaste und schmiegte sich wieder an Lars' warmen Körper. Draußen konnte sie den Dezemberwind durch die Straßen heulen hören. Sie zog ihre Decke bis unters Kinn und atmete Lars' Geruch ein. Darauf würde sie die nächsten zwei Monate verzichten müssen. Denn heute war es endlich so weit, sie flog mit Henrik nach Kapstadt! Die letzten Wochen waren von viel Arbeit und nicht enden wollenden Vorbereitungen geprägt gewesen, aber die letzten beiden Tage hatte sie freinehmen können, sodass sie wenigstens noch ein bisschen Zeit mit Lars hatte verbringen können. Sie hatten sich spontan für eine Nacht in eine Hütte an der Küste eingemietet und waren erst spät am Abend wieder nach Hause gekommen.

Beim dritten Weckerklingeln konnte sie es nicht mehr länger aufschieben, sie musste aufstehen und sich fertig machen, wenn sie nicht total gehetzt am Flughafen ankommen wollte. Vorsichtig, ohne Lars zu wecken, stieg sie aus dem Bett und lief ins Badezimmer. Wie Lars seit Jahren ihr Weckerklingeln einfach ignorieren konnte, war ihr schleierhaft. Mia genoss das warme Wasser auf ihrer Haut, während sich das Bad langsam mit Dampf füllte. Auf dem Schiff würde sie sich solchen Luxus wohl nicht leisten können. Sie massierte eine Pflegespülung in ihre Haare, um ihnen noch ein letztes Mal vor der Ausfahrt etwas Gutes zu tun.

Als sie aus dem Bad kam, hörte sie, wie Lars, der inzwischen aufgestanden war, das Frühstück vorbereitete. Der Duft von frisch gebrühtem Kaffee begrüßte sie, als sie in die Küche trat.

»Das riecht ja fantastisch. Ich komme sofort, ich muss nur noch meine Kulturtasche packen.«

Im Schlafzimmer ging Mia noch einmal alles durch, was sie am Vorabend in ihren großen Rucksack gestopft hatte. Das altbekannte Gefühl stieg in ihr auf, dass sie etwas vergessen hatte. Das ging ihr bei jeder Reise so, aber vor Schiffsreisen war es immer am schlimmsten, da sie bis auf einige wenige Kosmetikartikel nichts auf dem Schiff nachkaufen konnte. Ihren E-Reader und Laptop, sämtliche Ladegeräte und Adapter für Südafrika und genug Unterwäsche für zumindest eine Woche waren sicher in ihrem Bordrucksack verstaut. Der Rest ihrer Kleidung war im Koffer untergebracht. Der Wecker zeigte Viertel nach fünf – sie hatte noch eine halbe Stunde, bevor Lars sie zum Flughafen bringen würde. Und nachdem ihr auch nichts mehr einfiel, was sie noch in den Bordrucksack stecken könnte, setzte sie sich zu Lars an den Frühstückstisch, auf dem sogar Rührei auf sie wartete. Mia verdrückte mehr als die Hälfte davon und noch zwei dick belegte Vollkornbrotscheiben. Egal wie früh am Morgen es war, Mia brauchte ihr Frühstück, je früher, desto ausgiebiger. Als sie gerade genüsslich in den Apfel beißen wollte, den Lars ihr als Nachtisch hingelegt hatte, fiel ihr plötzlich ein, was sie vergessen hatte.

»Verdammt!« Sie ließ den Apfel wieder sinken. »Ich hab die Festplatte in der Uni liegen gelassen.«

»Welche Festplatte?« Lars versuchte, einen beruhigenden Ton anzuschlagen. Er wusste genau, wie angespannt Mia vor Schiffsreisen sein konnte.

»Die Festplatte, auf der ich die Daten von der Ausfahrt sichern wollte. Auf meinem Laptop ist nicht genug Speicherplatz! Was soll ich denn jetzt machen?« Mia schaute auf die Uhr. Noch eine Viertelstunde, bis sie losfahren mussten, sie würden es niemals rechtzeitig zur Uni und zurück schaffen. Auch ein Umweg auf dem Weg zum Flughafen würde zu lange dauern. Sie versuchte die aufkeimende Panik niederzukämpfen.

»Es geht also nur ums Speichern, du brauchst keine der Daten auf der Festplatte von der Uni?«, hakte Lars nach.

Mia schüttelte den Kopf. »Vielleicht kann ich ja am Flughafen eine Festplatte kaufen. Gibt es da nicht diesen Technikshop?«, überlegte sie hoffnungsvoll. Egal wie überteuert die Produkte sein mochten, in diesem Moment hätte sie fast jeden Preis für eine verdammte Festplatte bezahlt.

»Das ist doch Quatsch«, kommentierte Lars. Bevor Mia ihn anfahren konnte, fügte er hinzu: »Ich hab eine Festplatte von der Arbeit hier. Die kannst du mitnehmen und anschließend die Daten an der Uni überspielen.«

»Brauchst du die denn nicht?«

»Ich arbeite in einer Technikfirma.« Lars sah Mia an, als ob ihr diese Erklärung reichen müsste. »Wir haben so viele Festplatten, da fällt keinem auf, wenn mal eine für zwei Monate fehlt«, fügte er hinzu, während er bereits aufstand, um die Festplatte zu holen.

»Bring sie nur bitte wieder mit zurück. Ich würde das Ding ungern ersetzen müssen.« Mit diesen Worten reichte er Mia die kleine grüne Festplatte.

»Sind da denn wichtige Daten drauf?«

Lars schüttelte den Kopf. »Nur ein paar unwichtige Dokumente von den Praktikanten. Die habe ich im Büro aber auch gespeichert, also kein Problem. Und noch ein paar Sachen von meinem Studium, die ich doppelt sichern wollte.«

»Irgendetwas Spannendes, mit dem ich mir die Zeit vertreiben kann?«, fragte Mia, die sich jetzt wieder über den Apfel in ihrer Hand hermachte.

»Nicht wirklich ...«

»Keine Spionagesoftware?«, fragte Mia mit gespielter Enttäuschung, während sie sich noch eine Möhre griff.

»Die Crew wirst du mit den Programmen nicht ausspähen können«, sagte er mit einem Grinsen. »Aber erinnerst du dich noch an das Programm aus dem letzten Semester, mit dem man Nachrichten in Bildern verstecken kann?« Verschwörerisch beugte er sich über den Tisch zu Mia. »Falls du mir irgendwelche geheimen Nachrichten zukommen lassen willst ... Würde mich schon interessieren, was da so alles abgeht auf dem Schiff. Wer weiß, vielleicht gibt es irgendwelche Intrigen aufzudecken? Oder Affären auszuplaudern?« Er zwinkerte ihr zu.

»Stimmt, an das Programm kann ich mich sogar noch erinnern. Haben wir das nicht zusammen ausprobiert?«, meinte Mia und setzte mit einem Seufzen hinzu: »Das mit den versteckten Botschaften klingt verlockend. Aber ich werde das wohl eher bleiben lassen müssen. Wenn das jemand mitbekäme. Stell dir vor, wir dürfen selbst die Fotos, die wir auf dem Schiff aufnehmen, nicht ohne Erlaubnis der norwegischen Beobachter in den sozialen Medien hochladen. Erinnerst du dich noch an die Erklärung, die Henrik und ich unterschreiben mussten?«

Lars nickte. Vor ein paar Tagen hatten Mia und Henrik einen ganzen Stapel von Papieren in zwei dicken Umschlägen erhalten, alle mit dem Logo der norwegischen Regierung verziert. Darin waren unterschiedliche Formulare und Erklärungen gewesen, in denen sie sich zu absolutem Stillschweigen verpflichtet hatten. Mia hatte noch nie davon gehört, dass auf irgendeiner sonstigen Ausfahrt solch strikte Auflagen gegolten hätten. In dem Moment war Mia klar geworden, dass es sich keinesfalls um eine rein wissenschaftlich-neutrale Forschungsreise handelte.

Lars warf einen Blick auf die Uhr. »So langsam sollten wir losfahren. Oder hast du noch irgendwas anderes Lebenswichtiges vergessen?«

Mia verkniff sich eine Antwort und ging stattdessen noch ein letztes Mal ihre Packliste durch. Henrik hatte ihr mehrmals eingebläut, beim Packen besonders aufzupassen und nichts zu vergessen. Er meinte, dass das Schiff derart kurzfristig in Richtung Antarktis hatte aufbrechen müssen, dass sie nicht einmal sicher sein konnten, dass der Bordshop gut bestückt war. Also hatte sie noch einen Extravorrat an Schokolade, Gummibärchen und Kaffee in den Koffer gestopft. Sie hatte bereits während einer früheren Ausfahrt einmal vier Wochen lang auf Schokolade verzichten müssen, das würde ihr nicht noch mal passieren. Zum Glück hatte Henrik nichts dagegen gehabt, dass sie ein paar Pullover mit in die Aluminiumboxen gesteckt hatte, ansonsten hätten ihre Sachen zwischen all den Tabletten gegen Seekrankheit, den Ladekabeln und dem Sonnenschutzmittel keinen Platz mehr gefunden.

Mit einem letzten Blick in ihren überfüllten Koffer zwang Mia sich, den Reißverschluss zu schließen, und zog ihn durchs Schlafzimmer in den Flur. Auf dem Weg nach draußen griff sie sich ihren Mantel und den Schal und folgte Lars über die Straße zum Auto. Er trug ihren kleinen Bordrucksack vor sich her. Seine Versuche, ihr den großen Koffer abzunehmen, hatte sie abgewehrt. Den Großteil des Weges würde sie das Ungetüm sowieso selbst hinter sich herziehen müssen, also sah Mia keinen Sinn darin, sich bereits am Anfang ihrer Reise helfen zu lassen.

»Und, wie fühlst du dich?«, fragte Lars, als sie auf die Schnellstraße Richtung Flughafen einbogen.

»Hin- und hergerissen«, gestand Mia. Es war zwecklos, ihm etwas vorzumachen. »Es fällt mir wirklich schwer, dich jetzt allein zu lassen.«

Lars legte seine rechte Hand auf ihre. »Mach dir darüber mal keine Gedanken. Ich komm für zwei Monate schon alleine klar.« Er lächelte. »Außerdem kann ich wohl kaum mit der Antarktis mithalten. Ich meine, bereits seit unserem ersten Date sprichst du davon, eines Tages in die Antarktis zu fahren. Und bevor ich dich für über ein Jahr an eine Forschungsstation verliere, dann doch lieber nur für zwei Monate an die ›Kronprins Haakon‹.«

Dankbar drückte Mia seine Hand. Die zweite Möglichkeit, in die Antarktis zu kommen, wäre tatsächlich die gewesen, sich für einen der Jobs auf der norwegischen Antarktisstation zu bewerben. Die Kandidaten blieben über ein Jahr im ewigen Eis und hielten die Station auch den südlichen Winter über am Laufen, um Daten an diverse norwegische Forschungsinstitute zu übermitteln. Mia hatte bisher allerdings Skrupel gehabt, sich für eine so lange Zeit zu verpflichten. Ebenso wie Lars war sie froh, dass sie nun eine Einführung in die Antarktis bekam, mit der Aussicht, nach ein paar Wochen wieder auf ihrer gemütlichen blauen Couch neben ihrem Freund zu sitzen.

»Aber lass das bloß nicht zur Gewohnheit werden«, stellte Lars klar. »Nicht dass du mich nächstes Weihnachten für eine Fahrt in die Nordsee alleine lässt.«

»Keine Sorge, das ist eine einmalige Sache«, versprach sie ihm und drückte noch einmal seine Hand.

Ein leichter Nieselregen hatte eingesetzt, als sie im Parkhaus nach einem Platz suchten. Widerwillig stieg Mia aus. Als sie vor ein paar Tagen mit Lars in der Innenstadt gewesen war, um einen zusätzlichen warmen Fleecepullover für die Ausfahrt zu kaufen, hatten die ersten Geschäfte und Kaufhäuser damit begonnen, die Schaufenster weihnachtlich zu dekorieren. Beim Anblick, wie Mitarbeiter der Stadt Lichterketten quer über die Fußgängerzone hängten, war ihr zum ersten Mal so richtig bewusst geworden, dass sie nicht nur das Fest selbst, sondern auch die gesamte Vorweihnachtszeit und damit das Plätzchenbacken mit Lars und die langen Abende auf der Couch, aneinander gekuschelt im Schein ihrer Weihnachtslichter, verpassen würde. Mia versuchte, das bedrückende Gefühl abzuschütteln. Stattdessen würde sie die Eisberge in der Antarktis zu Gesicht bekommen, und ihr Traum würde sich endlich erfüllen. Im Vergleich dazu waren es kleine Opfer, die sie verschmerzen musste.

Im Flughafengebäude gesellten sie sich zu Henrik und seiner Frau und vertrieben sich die Wartezeit am Schalter mit Small Talk. Die Stimmung war jedoch gedrückt. Henrik hatte sich schon am Vorabend von seinen Kindern verabschiedet, die sie so früh nicht hatten wecken wollen.

Mias Stimmung sank auf ihren Tiefpunkt, als sie Lars zum Abschied umarmte und küsste. Sie winkte ihm hinter der Sicherheitskontrolle ein letztes Mal mit dem Versuch eines fröhlich aussehenden Lächelns zu und begab sich dann gemeinsam mit Henrik zu ihrem Abflugschalter. Schon beim Umdrehen verschwand ihr Lächeln, und Mia musste einen kurzen Moment gegen die aufsteigenden Tränen ankämpfen. Zum Glück brauchte Henrik ein wenig länger in der Sicherheitskontrolle, sodass Mia an eine Säule gelehnt Zeit hatte, sich wieder zu sammeln. Sobald sie sich ans Gate gesetzt hatten, kam die Vorfreude auf die bevorstehenden Abenteuer zurück. Jetzt ging er wirklich los, ihr Traum von einer Expedition ins Eismeer.

5

Nach etwas mehr als zwanzig Stunden und zwei Zwischenstopps in Oslo und Addis Abeba kamen Mia und Henrik am Flughafen in Kapstadt an. Beide waren geschlaucht von dem langen Flug. Sie nahmen ein Taxi zum Hotel, das sich in einer der touristischen Gegenden Kapstadts befand, und kamen überein, den Nachmittag ruhig angehen zu lassen, sich ein nettes Restaurant zu suchen und anschließend früh ins Bett zu gehen. Die kommenden Tage würden anstrengend genug werden. Außer einem kurzen Blick auf den Tafelberg und einem Spaziergang durch die Waterfront bekam Mia an diesem Tag nicht viel von Kapstadt zu sehen. Sie freute sich bereits darauf, das alles in Ruhe nachzuholen, wenn sie in zwei Monaten mit Lars hier Urlaub machen würde.

Früh am nächsten Morgen ging es für Mia und Henrik zum Hafen. Mia musste sich mehrfach dazu ermahnen, professionell zu bleiben und sich ihre Vorfreude und ihre Aufregung nicht allzu sehr anmerken zu lassen. Als das Taxi am Hafen von Kapstadt ankam, wurden sie von einem schlecht gelaunten Angestellten begrüßt, dem sie ihre Reisepässe aushändigen mussten. Nach zwei Stunden und mehreren Telefonaten mit der Fahrtleiterin und dem Kapitän der »Kronprins Haakon« bekamen Mia und Henrik endlich ihre Pässe zurück und durften das Hafengelände betreten.

Ihr Schiff lag zwischen einem Containerschiff und einem Kreuzfahrtschiff an einem nahe gelegenen Kai, sodass Mia und Henrik ihre Sachen in der heißen südafrikanischen Mittagssonne nicht allzu weit schleppen mussten. Fast schon ein wenig enttäuscht stellte Mia fest, dass die »Kronprins Haakon« erstaunlich mickrig im Vergleich zu den beiden riesigen Schiffen wirkte. Mia zog ihre Kamera hervor und schoss ein paar Fotos, beobachtet von zahlreichen Touristen, die aus dem Kreuzfahrtschiff strömten. Mit den Aufbauten am Heck hob sich die »Kronprins Haakon« von den normalen Containerschiffen und Fischerbooten deutlich ab. Große Lettern an der Seite des Schiffes verrieten den Zweck ihrer Reise – *Science*. Die »Kronprins Haakon« mit ihren hundert Metern Länge sah bis auf den schwenkbaren A-Rahmen am Heck, mit dem Netze und andere Ausrüstung hinter dem Schiff durchs Wasser gezogen werden konnten, relativ unspektakulär aus. Der dunkelgraue Anstrich des Schiffsrumpfes war offenbar eher aus praktischen als aus ästhetischen Gründen gewählt.

Als Mia und Henrik über die schmale Brücke auf das Schiff gelangt waren, wurden sie von der Fahrtleiterin begrüßt. Antje Svenson umarmte beide gut gelaunt und hieß sie auf dem Schiff willkommen. Im Gegensatz zu den beiden vorigen Ausfahrten in den Nordatlantik und ins Mittelmeer, an denen Mia teilgenommen hatte, standen in dem geräumigen Hangar zahlreiche Herren in schwarzen und dunkelblauen Anzügen herum. Mia nahm an, dass dies die Vertreter der norwegischen Regierung waren, die ein wenig fehl am Platz wirkten. Es wäre wohl kaum einem der Wissenschaftler eingefallen, einen Nadelstreifenanzug für eine Expedition in die Antarktis anzuziehen. Die Regierungsvertreter hielten sich alle etwas abseits und mieden die Sonne. Mia konnte sich gut vorstellen, wie sie in ihren Sakkos schwitzen mussten.

Sie wandte ihre Aufmerksamkeit dem Kapitän zu, der entspannt auf seinem gepolsterten Drehstuhl saß und ihre Pässe einsammelte. »Die bekommt ihr wieder, wenn ihr das Schiff verlasst«, erklärte er. Mia nickte. Dieses Prozedere kannte sie bereits von anderen Schiffen.

Da es lediglich fünfzehn Minuten bis zum Mittagessen waren, ließ Mia sich von der Fahrtleiterin den Weg zu ihrer Kabine erklären. Antje war immer noch damit beschäftigt, die Neuankömmlinge auf dem Schiff zu begrüßen. Als leitende Wissenschaftlerin an Bord war es ihre Aufgabe, dass alle teilnehmenden Wissenschaftler gut versorgt waren und alle Proben bekamen, die sie eingeplant hatten. In diesem Fall hieß das, dass sie die verschiedenen Volumina berücksichtigen musste, die die Wissenschaftler aus den unterschiedlichen Tiefen haben wollten. Auch die Aufteilung der Labore und Kühlräume lag in ihrer Verantwortung. Bei der ganzen Organisationsarbeit würde ihr nicht mehr viel Zeit für ihre eigentliche wissenschaftliche Arbeit bleiben. Dafür hatte sie allerdings auch drei Doktoranden im Schlepptau, die die Laborarbeit für sie erledigen sollten.

Nachdem Mia zwei Mal die falsche Treppe genommen hatte, stand sie endlich vor der offenen Tür ihrer Kabine. Von drinnen konnte sie ihre Kabinennachbarin hören. Ein Blick auf das Türschild verriet ihr, dass sie Sinje Ødegård hieß.

»Hallo.« Mia versuchte möglichst fröhlich zu klingen, als sie die Kabine betrat. Diesen Moment fand sie immer ein wenig heikel. Der erste Eindruck war halt doch entscheidend, auch wenn sie in den nächsten zwei Monaten noch genug Zeit haben würden, sich kennenzulernen.

»Hi, ich bin Sinje.« Ihre Kabinennachbarin kam auf sie zu und wollte sie umarmen, während Mia bereits den Arm zu einem Händeschütteln ausgestreckt hatte. Beide lachten leicht verlegen.

»Na, das üben wir dann noch mal. Ich bin Mia«, stellte Mia sich vor.

»Genau, hab ich schon auf dem Türschild gelesen.«

Mia lächelte ein wenig verlegen und sah sich kurz in der Kabine um. Das Schiff war erst im Vorjahr fertiggestellt worden, die Kabine war sauber und modern. Das Doppelstockbett war an der Bordwand angebracht. Neben den Betten waren zwei kleine Schreibtische. Gegenüber war ein Kleiderschrank mit zwei Holztüren. Das winzige Bad bestand aus einer kleinen grünen Duschkabine, einer Toilette und einem Waschbecken, alles eng beieinander. Mia hatte es nicht anders erwartet, auf ihren bisherigen Fahrten hatte sie sich teils noch kleinere Kabinen geteilt. Sie wandte sich wieder an Sinje, die ihren Koffer noch nicht geöffnet hatte.

»Hast du irgendwelche Präferenzen?«

Sinje schüttelte den Kopf.

»Dann würde ich gerne oben schlafen, wenn du nichts dagegen hast«, meinte Mia.

»Klar, gerne.«

Die oberen Betten waren zwar etwas enger, aber Mia mochte es nicht, unter anderen Leuten zu schlafen. Sie schob es in Gedanken stets auf die Klassenfahrten während ihrer Schulzeit.

Während Mia und Sinje ihre Sachen auspackten, versuchte Mia, ein Gespräch anzukurbeln. »Wie lange bist du schon hier?«, fragte sie.

»Oh, wir sind eine Woche vorher angekommen, haben uns ein Auto gemietet und sind die Küste entlanggefahren.«

»Das klingt schön! Mein Freund und ich wollen im Anschluss an die Ausfahrt auch Urlaub hier machen, du musst mir unbedingt ein paar Tipps geben.«

»Du hast's gut. Ich war leider nur mit Kollegen unterwegs, mein Freund und ich haben uns vor sechs Monaten getrennt.«

Mia verfluchte sich insgeheim dafür, dass sie die Sprache auf Lars gebracht hatte. Mehr als »Das tut mir leid« fiel ihr zu Sinjes Trennung nicht ein. Was sollte sie auch jemandem sagen, den sie erst vor fünf Minuten kennengelernt hatte? Erneut breitete sich ein unangenehmes Schweigen in der Kabine aus. Allmählich wuchs Mias Anspannung.

»Woran arbeitest du denn?«, wollte Sinje wissen.

Dankbar über den Themenwechsel, erzählte Mia ihr alles über ihre Arbeit mit Krill und was genau sie auf dieser Ausfahrt untersuchen wollten. »Und was machst du?«

»Ich bin Meteorologin und habe eigentlich nur sekundär mit der Oilex-Überprüfung zu tun.« Sie legte ihren Laptop und ihre externe Festplatte auf einen der beiden kleinen Schreibtische. »Ich werde die Atmosphäre überprüfen und regelmäßig Wetterballons steigen lassen. Neuerdings soll jedes norwegische Forschungsschiff meteorologische Daten sammeln, und aus der Antarktis gibt es nur einen sehr überschaubaren Datensatz. Also haben sie auch eine Meteorologin mit an Bord gelassen. Meine Chefin wollte eigentlich selbst fahren, hat dann aber vor ein paar Wochen festgestellt, dass sie schwanger ist, und mich stattdessen geschickt.«

»Das klingt spannend«, meinte Mia und hoffte, dass Sinje wusste, dass sie die Meteorologie meinte, nicht deren schwangere Chefin. »Wie hoch steigen die Ballons denn? Wenn ich dir irgendwie behilflich sein kann, sag Bescheid!« Zu den interessantesten Dingen während einer Ausfahrt gehörte es für Mia, zu entdecken, woran die anderen arbeiteten und welche Methoden sie anwandten. Wenn sie zwischendurch Zeit hatte, was leider nur selten vorkam, assistierte sie gern ihren Kollegen aus den unterschiedlichen Disziplinen. Während ihrer ersten Ausfahrt hatte sie eine Freundin begleitet, die ihre Proben von einem Schlauchboot aus hatte nehmen müssen. Bei einer der Fahrten hatten sie tatsächlich Buckelwale gesehen und waren ihnen ein wenig gefolgt. Das hatte zu den Highlights ihrer bisherigen Ausfahrten gehört.

Sinje unterbrach ihre Gedanken. »Die kleineren fliegen um die zwanzig Kilometer hoch, die größeren, die auch Ozon messen, steigen, wenn alles gut läuft, bis zu fünfunddreißig Kilometer. Ich kann tatsächlich Hilfe gebrauchen. Bei den kleineren Ballons brauche ich immer eine Person, die mir assistiert, bei den großen sogar vier oder fünf Leute, die den Ballon unter Kontrolle halten. Also wenn du Zeit hast, ich bin immer für Hilfe dankbar.«

Mia hatte ihren Koffer noch nicht ganz ausgepackt, als sie feststellten, dass es zwölf Uhr und damit Zeit zum Essen war. Gemeinsam gingen Mia und Sinje in die Messe und unterhielten sich weiter über die Wetterballons. Mia schien dies ein sicheres Thema zu sein. Sie wollte auf keinen Fall, dass das Gespräch irgendwie wieder zurück auf Sinjes kürzlich geplatzte Beziehung kam. Und spannend war das Thema allemal, mit Meteorologie hatte sie sich noch nie beschäftigt.

Zum Mittagessen gab es Spaghetti bolognese. Für Mia allerdings nur trockene Nudeln – als Vegetarierin war sie an spartanisches Essen auf Schiffen gewöhnt. »Wenigstens nicht nur Karotten, sondern etwas Sättigendes«, meinte sie schulterzuckend, als Sinje sie auf ihr karges Mahl ansprach. Mia verteilte Butter in kleinen Stückchen unter den Nudeln und salzte das Ganze ein wenig nach. So gewannen sogar die trockenen Nudeln ein wenig an Charakter.

6

Am Abend fand die erste Versammlung aller Wissenschaftler an Bord statt. Der Raum, in den Antje gebeten hatte, lag auf dem sechsten Deck in der Mitte des Schiffes, zwischen einigen der Mannschaftskajüten. Leise gingen Mia und Sinje über den Flur, um den schlafenden Teil der Mannschaft nicht zu stören. Die Nachtschicht hatte noch einige Stunden bis zum Anbruch ihrer Schicht, und die beiden jungen Frauen wollten ihre wohlverdiente Ruhe nicht stören.

Antje Svenson begrüßte sie noch einmal alle auf dem Schiff, bevor sie mit einer Vorstellungsrunde begannen. Mia betrachtete gespannt die unbekannten Gesichter um sie herum. Außer Henrik und Sinje, die beide zu ihrer Linken saßen, kannte Mia noch Kalle und Sven, mit denen sie beim Mittagessen an einem Tisch gesessen hatte. Die beiden älteren Männer waren für die Bedienung des Kranzwasserschöpfers, auch CTD genannt, zuständig, der für einen Großteil der Wissenschaftler die Proben aufs Schiff holte. Mia lächelte Kalle zu, der freundlich zurücknickte.

Mia stellte fest, dass nicht nur ein oder zwei, wie sonst üblich, sondern gleich sechs Beobachter mit an Bord waren – die Angestellten von Euroil noch nicht einmal mitgezählt. Zu der neununddreißig Mann starken Schiffsbesatzung kamen also achtundzwanzig Wissenschaftler, sechs Beobachter aus Norwegen und Australien und vier Euroil-Mitarbeiter hinzu. Wenn es nach

Mia gegangen wäre, hätte man den ein oder anderen dieser Plätze lieber an weitere Wissenschaftler vergeben sollen, aber sie behielt ihre Meinung für sich.

Die vier Mitarbeiter von Euroil saßen ein wenig abseits der anderen. Mia war auch beim Essen zuvor schon aufgefallen, dass die vier sich einen Tisch geteilt und keine Versuche unternommen hatten, sich unter die restlichen Fahrtteilnehmer zu mischen. Es stellte sich heraus, dass drei der Männer mit den Euroil-Logos auf den Hemden wissenschaftliche Mitarbeiter waren, die an der Entwicklung und den Wirksamkeits- und Verträglichkeitsstudien von Oilex mitgewirkt hatten. Der vierte war für das Produktmanagement verantwortlich. Mia betrachtete ihn eingehend, während er sich wortreich als Åke vorstellte. Sie wollte nicht zu vorschnell urteilen, aber einen sympathischen Eindruck machte er nicht gerade. Insgeheim wünschte sie ihm, dass er in den nächsten Tagen seekrank werden und in seiner Kabine bleiben würde, bereute den Wunsch allerdings sogleich. Sie wusste aus eigener Erfahrung, wie elend man sich fühlte, wenn man nichts mehr bei sich behalten konnte und die ganze Welt sich um einen herum zu bewegen schien.

Norwegen stellte allein vier Beobachter. Zusätzlich zu einem wissenschaftlichen Beobachter waren drei direkt von der Regierung entsandt worden. Dies führte Mia erneut die Bedeutung dieser Ausfahrt und damit auch ihrer eigenen Rolle für die Politik vor Augen. Die beiden anderen Beobachter aus Down Under waren mitgefahren, um zu beurteilen, ob Euroils Lösung auch für den australischen Teil der Antarktis infrage kommen könnte, erklärte einer der beiden. Mia beschlich ein mulmiges Gefühl.

Es lag an ihnen, den achtundzwanzig Wissenschaftlern, zu belegen, ob Oilex umweltverträglich war oder nicht. Sie hoffte inständig, dass sie einen schädlichen Einfluss würde nachweisen können. Früher oder später würde ein Unglück in der Antarktis passieren, wenn erst lange Pipelines durch den südlichen Ozean gelegt waren. Nicht einmal die Auswirkung eines einzelnen Ereignisses auf das Ökosystem konnte irgendwer abschätzen. Aber es gab genug Beispiele, bei denen die Natur sich auch Jahrzehnte nach einer Ölkatastrophe noch nicht vollkommen erholt hatte. Sie hasste es, dass die Menschheit sich wieder einmal weigerte, ihren eigenen Lebensstandard zurückzustellen, und stattdessen das letzte vollkommen unberührte Ökosystem zu kontrollieren versuchte. Und zu welchem Zweck? Auch die Ressourcen in der Antarktis waren endlich. Und mit ihrer Ausbeutung würden sie nur den Zeitpunkt verschieben, bis sie sich über erneuerbare Energien und einen nachhaltigen Lebensstil Gedanken machen mussten. Warum also nicht gleich damit anfangen, ehe etliche weitere Spezies ausgerottet wurden – und das, bevor sie überhaupt entdeckt wurden?

Henrik hatte ihr am Abend zuvor bereits eindrücklich nahegelegt, mit ihren Ansichten über Oilex und Euroil nicht allzu offen auf dem Schiff hausieren zu gehen. »Es geht um unsere wissenschaftliche Unabhängigkeit, unsere Integrität«, hatte Henrik ihr eingebläut. »Wer glaubt uns denn noch, dass wir schädliche Effekte gefunden haben, wenn du vorher jedem auf die Nase bindest, wie wenig du von Oilex hältst? Diese Ausfahrt ist etwas Besonderes, es ist ebenso eine politische wie eine wissenschaftliche Fahrt, und unsere Arbeit wird weitreichende

Konsequenzen haben«, hatte er sie angewiesen, als sie im Hotel in Kapstadt noch unter sich waren. Und auch wenn sie ihre Meinung nur ungern zurückhielt, so war ihr doch klar, dass Vorsicht und Zurückhaltung geboten waren – spätestens nach dieser Zusammenkunft. Gleichzeitig kribbelte es ihr in den Fingern, sofort im Labor loszulegen. Noch nie hatte ihre Arbeit eine so direkte Relevanz für die Politik und den Umweltschutz gehabt. Sie war eine von nur achtundzwanzig Wissenschaftlern, die zwischen der Einführung von Oilex und der Ausbeutung der Antarktis standen. Eine Mischung aus Aufregung und Nervosität überkam sie, als sie über ihre Rolle nachdachte. Auch wenn sie überzeugt war, dass die Antarktis geschützt werden sollte, war Mia bewusst, dass sie sich an die gute wissenschaftliche Praxis zu halten hatte und dass sie die Ergebnisse, die die nächsten Wochen liefern würden, akzeptieren musste, ob sie ihr nun gefielen oder nicht. Das machte Mia nur noch erpichter darauf, endlich mit ihren Untersuchungen zu beginnen. Sie konnte es kaum erwarten, die ersten Trends ihrer Experimente abzusehen.

Neben Biologen waren unter den Wissenschaftlern auch andere Disziplinen vertreten. Sinje war die einzige Meteorologin an Bord und erklärte auch in diesem Rahmen, dass sie mit den Untersuchungen von Oilex nicht direkt etwas zu tun hatte. Vier Physiker sollten untersuchen, wie schnell sich Oilex unter den gegebenen Strömungsbedingungen verteilte und wie effizient es an einem Leck wirken konnte. Außerdem waren einige Chemiker auf dem Schiff, um zu bestimmen, wie Oilex unter verschiedenen Temperaturbedingungen mit natürlichen Exkreten von Phytoplankton und Bakterien reagieren würde. Die Ausrichtung der Biologen, der größten Gruppe der Wissenschaftler an Bord, war sehr unterschiedlich. Mia und Henrik waren die einzigen, die an Krill arbeiteten. Die meisten anderen beschäftigten sich mit kleineren Lebewesen wie Bakterien, Phytoplankton und Zooplankton. Eine Gruppe von drei Wissenschaftlern beschäftigte sich dagegen mit Säugetieren und den Effekten von Oilex auf Robben und Wale. Mia bezweifelte jedoch, dass sie im Laufe der Ausfahrt aussagekräftige Ergebnisse erheben würden. Wenn Oilex überhaupt einen Effekt auf große Meeressäuger hatte, dann sicher über die Anreicherung in der Nahrungskette, und dazu müssten sie Oilex großflächig ausbringen, was in der Testphase nicht angedacht war. Was, wenn Oilex für Sterilität bei Robben oder Walen sorgte? Einen Rückgang der Geburtenrate bei solch großen Tieren würde man wohl kaum innerhalb von zwei Monaten nachweisen können. Trotzdem konnte die norwegische Regierung mit der Beteiligung dieser drei Wissenschaftler an der Ausfahrt nachweisen, dass sie ihre Pflicht auch gegenüber den größten und in der Bevölkerung beliebtesten Lebewesen erfüllt hatte. Mia musste sich erneut auf die Zunge beißen und ermahnte sich einmal mehr selbst, ihre Meinung für sich zu behalten, um es sich nicht gleich in der ersten Woche mit einigen Leuten auf dem Schiff zu verscherzen. Am wenigsten mit Henrik.

Wäre es nach Mia gegangen, hätten sie gleich am nächsten Morgen loslegen können. Antje erklärte allerdings, dass sie sich noch drei bis vier Tage würden gedulden müssen, bis sie tatsächlich antarktische Gewässer erreicht hatten. »Schlaft euch heute Nacht noch einmal alle ordentlich aus, ab morgen wird es deutlich ungemütlicher, auf unserem Weg liegt ein mittelgroßer Sturm, der das ohnehin unruhige Wasser zusätzlich aufbauscht.«

Mia und Sinje schauten sich mit ungutem Gefühl an.

»Sobald wir es in die Nähe der Meereiskante geschafft haben, sind wir wieder geschützter und nehmen die ersten Wasserproben«, erklärte Antje weiter. »Sind alle so weit mit der Laboraufteilung einverstanden?«

Mia und Henrik hatten ihr Labor am Nachmittag nur kurz in Augenschein genommen, aber so weit schien alles in Ordnung zu sein. Camilla und Erik, zwei Biologen, mit denen sie sich das Labor in den nächsten Wochen teilen würden, waren gerade am Auspacken, und in dem ohnehin beengten Labor standen überall ihre Zargesboxen herum, sodass Henrik beschlossen hatte, es wäre entspannter, wenn sie selbst erst am folgenden Morgen auspacken würden. Da sie in den nächsten Tagen sowieso keine Proben erwarteten, konnten sie sich Zeit lassen und erst einmal mit dem Schiff und den Mitfahrenden vertraut machen.

Im Anschluss an die Versammlung nahmen Mia, Henrik und Sinje die Couch und den Sessel im Gemeinschaftsraum in Beschlag. Henrik erzählte gerade von seinen Erlebnissen mit einem Schwertwal während seiner ersten Fahrt in die Antarktis, als eine junge Frau neben ihrem Tisch stehen blieb. »Hallo, ich bin Anne, Anne Rasmussen«, stellte sie sich vor. Mia erinnerte sich, dass sie eine der norwegischen Beobachterinnen war. »Ich bin nach der Versammlung verzweifelt auf der Suche nach Gesellschaft auf dem Schiff herumgelaufen, aber scheinbar hat der Großteil beschlossen, sich früh schlafen zu legen. Kann ich mich zu euch setzen?« Sie lächelte nervös in die

Runde und strich sich mit der rechten Hand durch die schulterlangen blonden Haare.

Sinje machte eine einladende Geste. »Hier sind noch so viele Plätze frei, such dir einen aus.«

»Tut mir leid, aber ihr müsst mir noch mal eure Namen verraten. Das ging mir alles zu schnell in der Versammlung vorhin«, meinte Anne, als sie sich auf den Sessel neben Henrik niederließ.

Nachdem sich die drei erneut vorgestellt hatten, nahm Anne das Gespräch wieder auf. »Ist es normal, dass alle abends verschwinden? Ich habe mit einigen meiner Kollegen gesprochen, und die haben mir erzählt, dass sie abends oft noch zusammensaßen und ein, zwei Bier getrunken haben.«

»Das kommt schon noch, heute ist ja gerade einmal der erste Abend«, antwortete Henrik.

»Und was das Bier angeht, das gibt es wohl erst, wenn der Bordshop öffnet«, fügte Mia hinzu.

Anne lächelte. »Da kann ich Abhilfe schaffen.« Sie erhob sich und verschwand für ein paar Minuten. »Es ist nie schlecht, sich mit der Mannschaft gutzustellen, nicht wahr? Daher habe ich einen kleinen Biervorrat für die ersten Tage in meinem Gepäck an Bord geschmuggelt«, erklärte sie verschwörerisch, als sie mit einem Sixpack Carlsberg wiederkam.

»Tja, vielleicht können wir die gesellige Entwicklung ja auch anders ein wenig vorantreiben«, grinste Mia und hockte sich vor die Spiele, die im untersten Regal in einer Ecke des Gemeinschaftsraums aufgestapelt waren. Sie kannte jedoch keins, fand aber ein Deck Karten. »Wie wäre es denn mit einer Runde Rommé?«, schlug sie daher vor, zählte die Karten schnell durch und stellte fest, dass sie vollzählig waren. Also stießen sie mit ihren Bierdosen an, und Mia teilte aus.

»Wie bist du denn an den Platz auf dem Schiff gekommen?«, wollte Henrik von Anne wissen. »Der war bei euch doch bestimmt genauso hart umkämpft wie bei uns.«

Anne nickte. »Mein Vorgesetzter hat sich für mich eingesetzt. Sonst wäre ich wohl nicht hier, immerhin war ich bisher nur auf Tagesausfahrten dabei. Aber ich habe auf norwegischer Seite an der Vorbereitung des Treffens für die Antarktisverhandlungen mitgearbeitet, bin von daher gut mit der Materie vertraut.«

Mia verkniff sich einen Hinweis darauf, dass sie kurz davor gewesen war, nach Oslo zu fahren, um gegen die Versammlung zu demonstrieren. Als sie Henriks Blick begegnete, schien dieser ihre Gedanken zu erraten und sah sie warnend an. Anne schien ihren Gesichtsausdruck ebenfalls richtig zu deuten. »Ich weiß, dass das Treffen nicht ganz unumstritten war. Und wahrscheinlich sind auch hier an Bord viele, die Euroil am liebsten von der Bildfläche verschwinden sehen würden. Aber ich finde es wichtig, alle Möglichkeiten zu erkunden, schließlich geht es hier nicht nur um das Wohl der norwegischen Bevölkerung, sondern um das Wohl der gesamten Menschheit.«

Mia fand zwar, dass es weitaus mehr im Sinne der gesamten Menschheit wäre, eines der letzten intakten Ökosysteme der Erde zu bewahren und alle Kräfte auf den Kampf gegen den Klimawandel zu konzentrieren, aber sie sagte nichts dergleichen. Stattdessen antwortete sie: »Als Wissenschaftler versuchen wir, so neutral wie möglich an eine Fragestellung heranzutreten und dann anschließend aufgrund der Ergebnisse zu urteilen. Während dieser Fahrt scheint dies umso wichtiger.« Sie merkte selbst, wie stumpf und unehrlich sich ihre Antwort anhörte. Anne aber nickte zufrieden, und sie schnitten das Thema für den Rest des Abends nicht mehr an. Stattdessen saßen sie noch lange um den Tisch herum und spielten Rommé. Mia war vom Jetlag noch ziemlich aufgekratzt, sodass sie, selbst als Henrik sich gegen zehn Uhr in seine Kabine verabschiedete, noch sitzen blieb und mit Sinje und Anne eine zweite Runde Bier trank.

Die Gespräche wandten sich eher privateren Dingen zu. Anne fragte die beiden anderen, ob sie Beziehungen hatten und wie sie damit umgingen, und um Sinje eine Antwort zu ersparen, erzählte Mia mehr von sich und Lars, als sie es normalerweise an einem ersten Abend getan hätte. Anne selbst erklärte, dass sie im Moment keine feste Beziehung hatte.

»Na, auf dem Schiff hast du genug Gelegenheit zum flirten«, meinte Mia mit einem Grinsen.

»Aber kriegt das nicht jeder gleich mit?«, gab Anne zurück.

»Na und?«, warf Sinje ein. »Was auf dem Schiff passiert, bleibt auf dem Schiff. Ich habe schon einige erlebt, die ihre Partner und Ehepartner während der Ausfahrt mehrfach betrogen haben und ihnen dann trotzdem, als wäre nichts gewesen, am Hafen in die Arme gefallen sind. Und du bist noch nicht einmal in einer Beziehung. Also, nur zu«, fügte sie fast schon ein wenig feindselig hinzu. Mia warf ihr einen prüfenden Blick zu.

»Und was ist mit dir?«, fragte Anne an Mia gewandt. »Gilt das bei dir auch, was auf dem Schiff passiert, bleibt auf dem Schiff?«

Mia musste sich beherrschen, um nicht laut zu protestieren. Sie wollte keinem der anderen Fahrtteilnehmer auf den Schlips treten, schließlich durfte jeder machen, was er für richtig hielt, aber für sie kam eine Affäre auf dem Schiff nicht infrage. Würde Lars davon erfahren, würde er ihr so etwas nicht verzeihen, ebenso wenig wie sie es ihm verzeihen würde, wenn er sie betrügen würde. Das Erste, was sie sich an Bord angeschafft hatte, war eine Telefonkarte, mit der sie das Bordtelefon benutzen konnte, um mit Lars zu telefonieren. »Nein, ich denke nicht, dass das für mich infrage kommt«, versuchte sie bestimmt und zugleich möglichst gelassen zu antworten.

Anne nickte. »Natürlich. Aber mal sehen, ich werde mich vielleicht schon mal hier an Bord umschauen. Und vielleicht kann ich dich ja noch dazu überreden mitzumachen«, fügte Anne mit einem Zwinkern an Sinje gewandt hinzu. »Ein paar schnuckelige Mechaniker sind mir vorhin auf dem Außendeck schon begegnet. Und zwei Monate können lang werden.«

Es war Mia fast ein wenig zu vertraulich, als Anne ihr und Sinje verschwörerisch zugrinste. Und Sinje verdrehte statt einer Antwort lediglich die Augen.

Als Mia am Abend im oberen Bett lag und ihr kleines Nachtlicht direkt über ihrem Kopf ausschaltete, fand sie, dass es alles in allem ein schöner erster Abend auf dem Schiff gewesen war. Auch wenn sie vielleicht bei einigen Themen nicht mit Anne übereinstimmte, glaubte sie trotzdem, dass sie sich während der Fahrt gut verstehen würden. Und nach den ersten Schwierigkeiten, mit Sinje ein Gespräch in Gang zu bringen, war sie ihr im Verlauf des Nachmittags richtig sympathisch geworden. Mia nahm sich vor, gleich am Morgen eine E-Mail an Lars zu schreiben und ihm von den beiden Frauen zu berichten.

7

Am nächsten Tag hatten Mia und Henrik sich lose für nach dem Frühstück im Labor verabredet. Mia und Sinje erschienen gegen acht Uhr in der Messe, um dort in Ruhe eine Weile sitzen zu können. Sie hatten Glück, es war ein Sonntagmorgen, und zur Feier des Tages gab es neben den üblichen aufgebackenen Brötchen sogar Schokocroissants. Außerdem Rührei mit und ohne Speck, wovon sich beide reichlich auftaten. Auf die Pfannkuchen, die sich einige ihrer Kollegen auf die Teller stapelten, verzichteten allerdings beide.

Zufrieden saßen sie eine Weile schweigend vor ihren voll beladenen Tellern und zwei dampfenden Tassen Kaffee. Beide schauten aus dem Fenster, das über die gesamte Breite der Messe ging, und betrachteten die rege Betriebsamkeit des Hafens. Zufrieden stellte Mia fest, dass Sinje morgens ebenfalls nicht besonders gesprächig war.

»Guten Morgen. In einer Stunde laufen wir aus.« Antje erschien mit strahlendem Gesicht in der Messe und ging von Tisch zu Tisch, um die gute Botschaft zu verkünden.

Sofort wurde Mia von einer vorfreudigen Aufregung gepackt – endlich ging es los. Als sie wenig später Henrik hereinschlendern sah, lehnte sie sich aber noch einmal zurück und ließ sich Zeit mit ihrem Frühstück. Wenn ihr Betreuer keine Eile hatte, ins Labor zu kommen, warum sollte sie sich dann hetzen?

Etwa eine Viertelstunde später erschien auch Anne zum Frühstück und setzte sich zu Sinje und Mia. »So könnte ich jeden Morgen aufwachen. Im Fitnessraum war es noch ganz leer, und ich hatte alle Geräte für mich alleine. Dann eine kalte Dusche und jetzt Schokocroissants.«

Mia und Sinje warfen sich einen kurzen Blick zu. Beide waren am Morgen aus dem Bett gepurzelt, hatten sich kurz unter die heiße Dusche gestellt und dann direkt hierher begeben.

»Wir haben da wohl etwas unterschiedliche Definitionen von einem perfekten Morgen«, meinte Sinje und unterdrückte ein Gähnen.

Mia nickte. »Ich weiß noch nicht einmal, wo der Fitnessraum liegt«, gab sie kleinlaut zu.

Anne verstand ihre Antwort als Aufforderung. »Ich kann ihn dir gerne gleich nach dem Frühstück zeigen, wenn du willst.« Mia hob abwehrend die Hand, doch Anne ließ nicht locker. »Es gibt auch eine Tischtennisplatte«, versuchte sie Mia zu ködern.

Das ließ Mia tatsächlich hellhörig werden. »Ein kleiner Abstecher im Laufe des Vormittags kann ja nicht schaden. Dann kann ich mir die Ausstattung mal anschauen.«

»Bist du gut?«, wollte Sinje wissen.

»Meine Eltern haben eine Platte zu Hause, und ich habe früher immer gegen meine Schwestern gespielt. Damals war ich ziemlich gut, mittlerweile bin ich allerdings aus der Übung. Was aber nicht heißt, dass man das nicht ändern könnte.« Mia war dankbar für jede Ablenkung auf dem Schiff, und wenn es eine Tischtennisplatte gab, vertrieb sie sich dort gerne ein wenig die Zeit. Sich beim Fahrradfahren oder Lauftraining noch mehr auszupowern, als sie es bei der Arbeit auf dem Schiff sowieso schon tat, sah sie nicht ein, aber Tischtennis war für sie kein richtiger Sport, eher eine gute Ablenkung. Und eine gute Art, mit den anderen ein wenig Spaß abseits von Wissenschaft und Forschung zu haben.

Nach dem Frühstück trafen sich Mia und Henrik wie verabredet im Labor. Sie gingen kurz ihren Bereich durch – ihnen standen vier Labortische zu, davon einer mit drei Schubladen. Über den Labortischen waren Regale befestigt, auf denen sie leichtere Dinge unterbringen konnten. Jedes hatte eine abnehmbare Metallstange an der Vorderseite ein paar Zentimeter über dem Regalboden. Die Stange verhinderte, dass bei rauer See die mühsam sortierten Verbrauchsmittel vom Regal fielen. Zu guter Letzt gab es noch ein großes Regal, das sie sich mit Camilla und Erik teilten und in dem ihnen drei Regalböden zur Verfügung standen. Da die beiden ihren Platz bereits relativ gut organisiert hatten und keine Kisten mehr im Weg standen, gingen Henrik und Mia nach draußen ans Heck, wo die drei Container standen, in denen die Ausrüstung sämtlicher Wissenschaftler an Bord gebracht worden war.

Auf dem Weg dorthin bemerkte Mia, dass das Schiff gerade aus dem Hafen auslief. Gemeinsam mit Henrik blieb sie an der Reling stehen, und bei einem Blick nach unten entdeckten sie am Rand des Hafenbeckens einen Mondfisch, der direkt unter der Wasseroberfläche trieb. Sie waren nicht allein, auf dem Deck über ihnen standen viele der anderen Wissenschaftler und auch einige Matrosen, die ebenfalls dabei zusahen, wie die Stadt immer kleiner wurde, bis sie schließlich ganz am Horizont verschwunden war. In den nächsten Wochen würden sie keine Häuser und Bäume mehr zu Gesicht bekommen.

Mia versuchte, sich einen Überblick über das Gewusel zu verschaffen, das am Heck herrschte, als sie eine ihrer Paletten erkannte, die gerade von einem Matrosen mit einer kleinen Ameise aus dem mittleren Container gefahren wurde. In Bergen hatte sie alle ihre Kisten an den Ecken mit rosa und schwarzem Klebeband versehen. Henrik hatte sich über sie lustig gemacht, aber so konnte sie auch von Weitem ihre Palette erkennen. Bevor der Matrose sie irgendwo am Rand platzierte, hatte sich Mia zu ihm durchgedrängt und bat ihn jetzt, die Palette direkt vor ihrem Labor abzustellen. Der Gang davor war aber nicht breit genug, deswegen brachten Mia und der Matrose die Palette ans seitliche Außendeck, sodass sie ihre Kisten lediglich durch das große Nasslabor tragen mussten, um in ihr Labor zu gelangen. Mia durfte die Palette dort stehen lassen, unter der Bedingung, dass sie in drei Stunden weggeräumt sein musste, da dann an selber Stelle die CTD am kleinen Kran befestigt werden sollte.

Mit der CTD, einer Rosette mit vierundzwanzig Wasserschöpfern, die jeweils zwanzig Liter Meerwasser aus unterschiedlichen Wassertiefen halten konnten, wurden fast alle Proben für die gesamten Fahrtteilnehmer genommen. Da auch Mia und Henrik einen Teil ihrer Proben aus der CTD beziehen würden, wollte Mia sich auf keinen Fall mit den zuständigen Leuten anlegen. Schon gar nicht bevor die Fahrt überhaupt begonnen hatte. Also machte sie sich daran, die stramm gespannten Laschgurte zügig von der Palette zu entfernen und die Kisten so schnell wie möglich ins Labor zu tragen.

Zum Glück waren obenauf nur kleine Zargesboxen gestapelt, die Mia alleine herunterheben konnte. Sie brachte die erste Schicht, vier kleine Boxen, ins Labor und stellte fest, dass sie immer wieder den gleichen Fehler machte. Sie packte einfach viel zu chaotisch. Henrik war noch nicht wieder im Labor aufgetaucht, wahrscheinlich war er am Heck damit beschäftigt, das Auspacken ihrer zweiten Palette aus den Containern zu überwachen. Mia lief schnell in ihre Kabine zurück, um aus ihrem kleinen Tagesrucksack die Packliste zu kramen. Auch wenn sie die Kisten nicht mit System gepackt hatte, wusste sie so wenigstens genau, was sie in welcher Kiste verstaut hatte. Dummerweise hatte sie die mehrere Seiten umfassende Packliste auch nicht sonderlich übersichtlich geführt.

Bevor sie die Labortische jedoch nicht mit wasserfesten und anschließend rutschfesten Matten belegt hatte, brauchte sie gar nicht damit anzufangen, ihr Mikroskop oder ihr Filtrationsgestell auszupacken. Die wasserabweisenden Unterlagen halfen zu vermeiden, dass sie die Labortische mit ihren Chemikalien verdreckten. Und damit ihre teuren Geräte bei rauer See nicht von den Tischen rutschten, legten sie anschließend die wasserabweisende Unterlage mit Anti-Rutsch-Matten aus, eine dünne Gummilage, an der alles haften blieb, was mit ihr in Berührung kam. Sehr zu Mias Frustration galt das auch für Staub, sodass sie die Matten regelmäßig mit Wasser abwischen musste, um ihr Labor so sauber wie möglich zu halten.

Endlich hatte sie die Kiste mit den entsprechenden Matten auf ihrer Liste gefunden – immerhin hatte sie genug Verstand besessen, beide Arten von Unterlagen in dieselbe Kiste zu packen. Allerdings stand diese relativ weit unten im Palettenstapel. Sie hielt kurzerhand einen Matrosen auf, der das Pech hatte, zum falschen Zeitpunkt an ihr vorbeizulaufen, und gemeinsam wuchteten sie die obersten Kisten herunter und stellten sie an die Seite. Der Matrose stellte sich ihr als Fred vor, und während sie zusammen Kisten neben der Palette stapelten, stellten sie fest, dass sie beide aus Bergen kamen. Nach kurzer Zeit hatten sie fast den gesamten Platz vor den Laboren am seitlichen Außendeck mit Kistenstapeln zugestellt. Lediglich ein schmaler Gang zwischen ihrer Ausrüstung und der Reling erlaubte es der Crew und den Wissenschaftlern noch, an ihnen vorbeizulaufen. Manche zogen beim Anblick des Chaos den Weg durch das Schiffsinnere vor. Und auch Mia selbst musste immer mehr aufpassen, dass sie nicht über eine der Kisten stolperte – zumal Beeilung angesagt war, schließlich hatte sie versprochen, alles bis zwölf Uhr aus dem Weg zu räumen.

Als Mia und Fred die Kiste mit den Matten freigelegt hatten, machte Mia sich daran, alle Labortische auszulegen. Sie befestigte die wasserfesten Unterlagen mit grünem Klebeband und darauf die roten Anti-Rutsch-Matten. Wenigstens kam so ein wenig Farbe in das ansonsten beige gehaltene Labor. Mia machte sich daran, eine Kiste nach der anderen auszupacken und den Inhalt möglichst sinnvoll auf die Schubladen und Regale zu verteilen. Sie riss kleine Stücke von dem grünen Klebeband ab und klebte sie zum Beschriften auf die Schubladen. Zwei leere Kisten ließ sie im Labor, um zusätzliches Verbrauchsmaterial darin zu verstauen. Sobald die Kisten voll waren, schob sie sie unter die Labortische und spannte die Laschgurte um die Tischbeine davor, damit die Kisten bei plötzlichen Schiffsbewegungen nicht in den Gang rutschen konnten.

Um halb zwölf war es Zeit fürs Mittagessen – Mia hatte allerdings nur noch eine halbe Stunde, um die restlichen Kisten auszuräumen, wieder auf die Palette zu stellen und in einen der leeren Container zu schieben. Kurzerhand schickte sie Henrik zum Mittagessen – es hätte sie nur zusätzlich gestresst, ihren Chef neben sich stehen zu haben – und konzentrierte sich darauf, die letzten drei Kisten so schnell wie möglich auszupacken. Aus Zeitmangel verteilte sie die letzten Dinge dann aber nur noch auf den Labortischen, stapelte die leeren Kisten wieder auf der Palette, verschnürte alles und brachte die Palette fünf Minuten vor der Zeit wieder in den Container.

Mia war zufrieden, aber ihr knurrte jetzt der Magen, und da das Mittagessen nicht mehr lang serviert wurde, machte sie sich schleunigst auf den Weg in die Messe, um sich ihre Portion Dorade in Senfsoße mit Salzkartoffeln beim Stewart abzuholen. Weder an Sinjes noch an Henriks Tisch war ein Platz frei. Mia wollte sich gerade zu einer Gruppe Chemiker setzen, als sie Anne alleine an einem leeren Tisch sitzen und ihr zuwinken sah.

»Gut, dass du da bist«, begrüßte Anne sie. »Ich hatte schon langsam das Gefühl, dass niemand etwas mit den Regierungsvertretern zu tun haben will.«

»Ach was«, winkte Mia ab. »Das bildest du dir ein.«

»Wirklich? Seit ich hier alleine an diesem Tisch sitze, haben sich die vier Tische dort alle nach und nach mit Leuten gefüllt. Nicht einer von denen hat auch nur in Erwägung gezogen, sich zu mir zu setzen.«

»Die kennen sich wahrscheinlich noch alle aus dem Studium oder von früheren Fahrten und sind froh, mal wieder ein wenig Zeit miteinander verbringen zu können«, versuchte Mia eine Erklärung zu finden. Ihr war bis jetzt nichts Abfälliges über die Regierungsvertreter zu Ohren gekommen, allerdings war sie den Morgen über auch ziemlich isoliert in ihrem Labor gewesen. Sie selbst hatte nichts gegen die Anwesenheit von Anne und ihren Kollegen – im Gegenteil, sie gaben ihr das Gefühl, mit ihrer Arbeit wirklich etwas bewegen zu können. Viel eher störte sie die Teilnahme der Euroil-Mitarbeiter. Schließlich hatten diese Leute lange genug Zeit gehabt, Oilex auf seine Umweltverträglichkeit zu testen. Jetzt war die Zeit der unabhängigen Wissenschaftler gekommen.

»Wie geht es denn mit dem Auspacken voran?«, riss Anne Mia aus ihren Grübeleien.

»Ganz gut. Die Hälfte ist geschafft. Und den Rest verstauen wir bis zum Abendessen.« Sie streckte ihren verspannten Rücken durch. »Heute Abend werde ich bestimmt gut schlafen können.«

»Wie viel Gewicht habt ihr denn eingepackt?«

»So um die achthundert Kilo, verteilt auf zahlreiche Kisten auf insgesamt zwei Paletten. Trotzdem geht das ganze Heben irgendwann auf den Rücken.« Mia verschwieg Anne, dass sie sich wahrscheinlich gut fünfzig Kilo an Gewicht hätte sparen können, wenn sie nicht von allen Verbrauchsmaterialien so viel Ersatz eingepackt hätte.

Anne nickte verständnisvoll. Dabei sah sie durchtrainiert genug aus, um auch die schwereren Kisten problemlos allein vom Stapel heben zu können. »Sag Bescheid, wenn du Hilfe brauchst«, bot sie mit einem Lächeln an.

»Ich habe meinen Laptop verkabelt und mein Notizbuch ausgepackt, mein Arbeitsplatz ist somit eingerichtet.«

»Danke, das ist nett. Aber wir sind ja zu zweit, und im Labor ist nicht besonders viel Platz. Da wird es wahrscheinlich zu wuselig. Falls ich einen Hexenschuss bekomme, melde ich mich allerdings gern bei dir.«

»Und wie sieht dein Plan in den nächsten Tagen bis zur ersten Station aus?«, wollte Anne wissen.

»Wahrscheinlich werden wir bis dahin eine Teststation mit Leitungswasser aufbauen, um die Abläufe noch mal zu üben. Ansonsten werden die nächsten Tage wohl eher ruhig.« Aufgrund der Tatsache, dass sie erst rund tausendfünfhundert Kilometer Richtung Süden fahren mussten, um zur ersten Station zu kommen, hatten sie ungewohnterweise einen ruhigen Start.

»Könnte ich euch bei eurer Teststation denn vielleicht mal über die Schulter schauen?«, fragte Anne. »Ich würde gerne bei allen Wissenschaftlern einen Einblick gewinnen, um wirklich zu verstehen, was ihr macht. Schließlich muss ich am Ende einen Bericht für den Umweltminister schreiben und ihm zusammen mit meinen Kollegen eine Empfehlung ausstellen. Da möchte ich natürlich so viel Hintergrundwissen wie möglich sammeln.«

»Na klar, du kannst gerne kommen«, meinte Mia. »Du kannst auch zwischendurch mal vorbeischauen, wenn du noch Fragen hast. Die erste Station wird erfahrungsgemäß immer ein wenig chaotisch, weil sich alles noch einspielen muss, aber ansonsten bist du bei uns im Labor immer willkommen.«

»Super, vielen Dank.« Anne sah ehrlich erfreut aus. »Ich fürchte, nicht alle werden von meinem Besuch so begeistert sein.«

»Ach was, wenn du erst einmal mit den Leuten ins Gespräch kommst, geht das von ganz alleine«, versuchte Mia Anne aufzumuntern. Und fügte dann noch mit einem Schmunzeln hinzu: »Außerdem kenne ich keinen Wissenschaftler, der nicht gerne über seine Arbeit spricht.«

Den Nachmittag verbrachten Mia und Henrik damit, die restlichen Kisten auszupacken. Kurz vor dem Abendessen waren schließlich sämtliche Geräte und Verbrauchsmaterialien an ihrem anberaumten Platz, und während Henrik die zweite Palette in den Container zurückfuhr, ging Mia noch einmal alles durch. Sie überprüfte ein letztes Mal, ob ihr Mikroskop und die Filtrationsgestelle ordentlich gesichert waren. Alle kleineren Geräte waren mit Spanngurten an Haken in der Wand befestigt, die wiederum an Metallschienen vertikal verschoben werden konnten, um den unterschiedlichen Anforderungen gerecht zu werden. Tatsächlich hatten Mia noch in der Woche vor ihrer Abreise Zweifel geplagt, ob sie genug kleine Spanngurte eingepackt hatte, und so hatte sie noch eine Packung extra gekauft und in ihren Koffer gestopft. Zuletzt kontrollierte sie die Zentrifuge. Mia und Henrik hatten sie unter einen der Tische gestellt, sodass sie nirgendwo herunterfallen konnte, und Mia überprüfte auch den grünen Spanngurt, mit dem sie die Zentrifuge an zwei Tischbeinen befestigt hatte, ein letztes Mal. Die Labortische selbst waren fest am Boden angeschraubt, boten also genug Halt.

Zufrieden mit ihrer Arbeit gingen Mia und Henrik in die Messe zum Abendessen. Ihre linke Schulter konnte Mia mittlerweile deutlich spüren, aber sie hoffte, dass die Schmerzen am nächsten Morgen verschwunden sein würden.

Später loggte Mia sich zum ersten Mal an diesem Tag mit ihrem Laptop ins Internet ein und fand drei Nachrichten von Lars, der ihr in allen Einzelheiten von seinem Tag erzählte. Sie liebte diese Nachrichten von zu Hause. Anscheinend hatten ihre Nachbarn sich wieder mal beim Vermieter beschwert, aber Lars hatte die Geschichte mit einem Telefonat zurechtgebogen. Ihre Nachbarn waren bereits ein wenig älter und hörten zwar noch ganz passabel, hatten aber Schwierigkeiten beim Einschätzen der Richtung, aus der Geräusche kamen. So war es in den letzten Monaten bereits drei Mal vorgekommen, dass ihre Nachbarn sich über Mia und Lars beschwert hatten, obwohl der Krach von der WG neben ihnen kam. Der Vermieter war mittlerweile derart genervt von den ständigen falschen Anschuldigungen, dass er Mia und Lars nahegelegt hatte, ihren Rentnernachbarn mit einer Verleumdungsklage zu drohen. Dazu waren aber weder Mia noch Lars bereit.

Mia schmunzelte, als sie Lars' detaillierte Beschreibung der Ereignisse las. Er schaffte es tatsächlich jedes Mal, sie so am Geschehen daheim teilhaben zu lassen, dass sie sich nie weit weg fühlte. Im Gegenzug erzählte Mia Lars alles von ihrem ersten Tag an Bord, dem stressigen Auspacken, wie sie letztendlich doch alles rechtzeitig verstaut hatten und natürlich auch von Anne und Sinje. Am liebsten hätte sie ein Foto der Kabine mitgeschickt, aber sie waren mehrfach angehalten worden, ihre Nachrichten so klein wie möglich zu halten.

Am nächsten Tag legten Mia und Henrik entspannt mit ihrem Testlauf los. Mia hatte den Vormittag dazu genutzt, ein wenig auf dem Außendeck in der Sonne zu liegen und zu lesen. Ein seltener Luxus auf einem Forschungsschiff. Und obwohl es über Nacht zwar merklich kälter geworden war, waren die Temperaturen sogar in einem Kapuzenpullover auszuhalten.

Henrik hatte nichts dagegen, dass Anne ebenfalls bei ihrem Testlauf dabei war. Sie saß in einem Laborkittel, den Mia ihr geliehen hatte, neben ihr auf einem der Stühle und sah interessiert zu.

»Hiermit nehmen wir Proben für DNA-Analysen«, erklärte Mia ihr, während sie auf eine Ein-Liter-Glasflasche deutete, auf die ein Plastikaufsatz geschraubt war. Sie drehte den oberen Teil des Aufsatzes, der wie ein Trichter geformt war, ab, legte einen weißen Filter auf die untere Halterung und schraubte den oberen Teil, der die Probe halten sollte, wieder auf. Sie ließ Anne fünfhundert Milliliter Wasser in einem Plastikzylinder abmessen und auf den Filter geben. Dann schalteten sie die Pumpe an. Das Wasser wurde tropfenweise von dem Vakuum durch den Filter gezogen.

Während das tiefe Brummen der Pumpe das Labor erfüllte, zeigte Mia Anne, wie sie die Vitalität des Krills unter dem Mikroskop untersuchten. Sie musste ihre Stimme heben, um gegen den Lärm der Pumpe anzukommen. Da sie noch keine Probe mit Krill hatten, nahmen sie ein wenig Wasser aus dem Seewasserhahn, der eine direkte Verbindung unters Schiff hatte und aus fünf Metern Tiefe auf Bedarf eine Wasserprobe lieferte. Anne war begeistert, wie viel Phytoplankton im Wasser schwebte. Selbst Mia war erstaunt, sie mussten gerade durch eine Blüte fahren, denn der gesamte Tropfen, den sie auf dem Objektträger hatten, schwirrte nur so von grünem Phytoplankton. Sie konnten sogar einen Copepoden sehen, der mithilfe seiner winzigen Füßchen ruckartig durchs Wasser schwamm. Mia erklärte Anne, dass Copepoden, auch Ruderfußkrebse genannt, den größten Anteil des Zooplanktons darstellten und sich hauptsächlich von winzigem Phytoplankton ernährten. Anne war begeistert von den langen Antennen, mit denen er seine Umgebung wahrnahm und nach Beute suchte.

Mia führte Anne nun durch die angrenzenden Kühlräume, in denen sie ihre Inkubationen lagern würden. Um die Krillpopulationen nicht unnötigem Stress auszusetzen, würden sie sie im Dunkeln bei vier Grad Celsius halten, möglichst nah an den natürlichen Bedingungen. Der Kühlraum wurde gerade erst in Betrieb genommen und hatte noch wohlige zehn Grad. Für ihre zukünftigen Arbeiten hatte Mia bereits eine Daunenjacke auf den Haken außen an der Tür gehängt, in den Taschen vorsorglich dicke Handschuhe, damit ihr die Finger bei der Arbeit in der Kälte nicht abfroren.

Als sie wieder zurück ins Labor kamen, war das Wasser fast durchgelaufen, und Mia zeigte Anne noch, wie sie den Filter erst auf der Halterung faltete und dann in ein kleines Plastikröhrchen steckte. Damit hatten sie ihren ersten Testlauf im Labor erfolgreich absolviert.

Einige Tage später war es so weit. Ungefähr auf der Hälfte der Strecke zwischen Kapstadt und der Meereiskante nahmen sie ihre ersten Wasserproben. Sie wurden mit der CTD an Bord geholt, ein immer wieder aufregender Moment. Wie Mia Anne erklärte, stand CTD für *conductivity, temperature* und *depth*. »Mit den Sensoren an den Flaschen werden der Salzgehalt, die Temperatur und der Druck, und damit die Tiefe des Wassers, bestimmt«, erklärte sie. »Unsere CTD hat außerdem noch einen Chlorophyll-Sensor, damit wir bestimmen können, wo am meisten Phytoplankton ist und dort einen Teil unserer Proben nehmen können. Gerade jetzt im antarktischen Sommer ist der Großteil des Krills an der Oberfläche. Da sich der Krill von Phytoplankton ernährt, sucht man ihn am besten dort, wo er auf Futtersuche gehen kann. Dort können wir dann mit unseren Netzen zusätzliche Proben nehmen.«

Anne nickte interessiert, während sie beobachtete, wie sich die ersten Wissenschaftler um die CTD, die mit vierundzwanzig grauen Flaschen bestückt war, scharten. Jeder wollte seinen Teil der etwa zwanzig Liter aus jeder Flasche abbekommen, von der ersten mit der Probe aus der größten Wassertiefe bis hin zur vierundzwanzigsten, die Oberflächenwasser enthielt.

Es gab jedoch eine strikte Reihenfolge, in der die Flaschen beprobt werden mussten. Zuerst für die Messungen des Sauerstoffgehalts, dann für andere Gase. Danach konnten Proben für die organische Materie und Primärproduktion des Phytoplanktons genommen werden, und erst zum Schluss kamen Biologen wie Mia dran, die sich nur auf bestimmte Organismen spezialisiert hatten. »Den Krill stört es nicht, wenn er zehn Minuten länger in der Flasche ist, und auch Sauerstoff über dem Wasser macht ihm nichts aus. Deswegen sind wir unter den Letzten, die Proben nehmen dürfen«, erklärte Mia, als Anne sie fragte, warum sie so gelassen allen anderen den Vortritt ließ. Zum Glück war das Prozedere allen klar. Und um keine Zeit zu verschwenden, konnte die erste Flasche schon für Gase beprobt werden, sobald die Sauerstoffprobe genommen war. Dadurch ergab sich ein langsam drehender Kreis aus Wissenschaftlern, die sich von der ersten zur letzten Flasche vorarbeiteten.

Wieder zurück im Labor war Mia froh, dass Anne wieder in ihr Büro ging. Sie und Henrik mussten sich erst einmal einspielen, da hätte eine dritte Person nur gestört. Denn obwohl Mia bereits seit fast zwei Jahren für Henrik arbeitete, hatten sie noch nie zusammen im Labor gestanden. Zumindest nicht so, unter Zeitdruck während einer Ausfahrt. Zumal sie sich in dem kleinen Labor mit Camilla und Erik sowieso ständig gegenseitig im Weg standen. Nachdem Mia zum vierten Mal knapp einem Zusammenstoß mit Erik entgangen war, räumte sie ihre Filtrationsgestelle ein wenig zur Seite. So gab es, zumindest bis zum Abend, keine Beinahe-Unfälle mehr.

Nachdem sie den ersten Tag also genutzt hatten, sich und ihre Arbeitsabläufe abzustimmen, setzten sie am zweiten Tag eine erste Inkubation an. Beide arbeiteten hochkonzentriert. Sie wussten schließlich, was von ihren Versuchen abhing. Einer der Euroil-Mitarbeiter hatte am Morgen Oilex-Proben an die Wissenschaftler in ihren Laboren verteilt. Mia präparierte die Inkubationsflaschen mit unterschiedlichen Konzentrationen von Oilex und versetzte jede der Flaschen mit einem Cocktail aus Nährstoffen und Phytoplankton, um den Krill zum Wachsen anzuregen. Dann befüllte sie die Flaschen mit sterilem, künstlich hergestelltem Seewasser. Sie ließ lediglich noch Platz für hundert Milliliter. Währenddessen teilte Henrik den Krill aus ihren Netzen in Populationen gleicher Größe auf, fünfundzwanzig Individuen pro Inkubation. Henrik füllte sie in die von Mia vorbereiteten Flaschen, die sie anschließend gemeinsam versiegelten und in einen Karton mit Papptrennern stellten.

Im Moment lag das Schiff zwar ruhig auf dem Wasser, aber das konnte sich jederzeit ändern. Sie durften nicht riskieren, dass die Flaschen, wenn sich die Wellen aufschaukelten, gegeneinanderschlugen und zerbrachen.

Als alle Flaschen an ihrem Platz standen und die Filtrationsgestelle mit Spanngurten sicher an den Wänden befestigt waren, konnten sie Feierabend machen. Henrik wollte in seiner Kabine ein paar E-Mails beantworten und war schnell verschwunden. Camilla und Erik waren ebenfalls nicht mehr im Labor. Mia machte einen Gang durch das Schiff, aber sie konnte weder in der Messe noch in der Lounge jemanden finden, dem sie sich anschließen konnte. Sie beschloss, in ihre Kabine zu gehen und zu lesen. Ihre Beine konnten ein wenig liegen gut vertragen. Die Wellen versetzten das Schiff zwar nur in leichte Bewegung, aber da Mia hauptsächlich stehend arbeitete und ständig die kleinen Bewegungen ausgleichen musste, spürte sie ihre Beine am Ende des Tages sehr deutlich. Da half auch kein Lauftraining vor der Ausfahrt.

Im Flur vor ihrer Kabine traf sie auf Anne. »Hey, was machst du denn hier?«, fragte Mia. Sie war froh, endlich jemanden gefunden zu haben, den sie kannte.

»Ich …« Anne zögerte kaum merklich. »Ich war ehrlich gesagt auf der Suche nach dir. Hättest du Lust auf eine Runde Tischtennis im Sportraum?«

Mia war zwar erschöpft, aber sie sehnte sich nach etwas Ablenkung, das Buch würde also noch ein wenig warten müssen. »Ja, klar, ich zieh mich nur schnell um.«

Die beiden hatten den Sportraum für sich. An den Wänden standen drei Ergometer, ein Laufband und eine Hantelbank mit Gewichten verschiedenster Größe. Von einem Stapel neben der Tür nahmen sie sich zwei Tischtennisschläger und spielten sich erst einmal warm. Anne erwies sich als würdige Gegnerin.

»Wollen wir mal ein Match versuchen?«, fragte Anne nach einer Weile.

»Aber nur mit der richtigen Musik«, meinte Mia jetzt völlig bereit für eine Herausforderung. Hinter Anne stand eine Stereoanlage, die sie bereits seit einer Weile im Blick hatte. Sie schloss ihr Handy an die Anlage an und stellte die zufällige Wiedergabe ein.

Mia wurde schnell klar, dass Anne sich beim Warmspielen zurückgehalten hatte. Nun zeigte sie ihr volles Potenzial, und Mia hatte Mühe, die gekonnt platzierten Bälle zu parieren. Schon bald war Anne in Führung. Mia jubelte trotzdem bei jedem Punkt, den sie Anne abluchsen konnte. Und während Meredith Brooks aus den Boxen von ihrer gespaltenen Persönlichkeit sang, baute Anne ihre Führung weiter aus.

Ein wenig später kamen nach und nach ein paar Männer der Besatzung in den Sportraum. Mia und Anne beendeten ihr Match und spielten mit den anderen Rundlauf. Anne stand einige Male im Finale, aber Mia konnte mit den anderen schon bald nicht mehr mithalten. Trotzdem hatte sie jede Menge Spaß und war froh, nicht hinter ihrem Buch verschwunden zu sein.

Als sie schließlich in die Kabine zurückkam, traf sie Sinje dort an. Sie saß vor dem Schreibtisch und schien E-Mails zu schreiben. Mia berichtete ihr von dem Tischtennisspiel, und Sinje schien fast ein wenig enttäuscht, die Gelegenheit verpasst zu haben. »Mit wem hast du denn gespielt?«, wollte sie wissen.

»Am Anfang nur mit Anne, aber dann sind noch einige von der Mannschaft dazugekommen.«

»Ach so.« Sinje schien mit einem Mal weitaus weniger interessiert.

»Mit Anne hast du noch nicht so viel Zeit verbracht, oder?«, hakte Mia vorsichtig nach.

»Nein, wir hatten einen etwas holprigen Start.« Auf Mias fragenden Blick fügte sie hinzu: »Ich empfinde sie manchmal als ein wenig aufgesetzt. Wahrscheinlich muss man das auch sein, wenn man es im Regierungsapparat zu etwas bringen will. Sie ist eben keine von uns, oder kennst du viele Idealisten, die für die Regierung arbeiten?«

Mia dachte einen Moment über Sinjes Worte nach, konnte ihr harsches Urteil aber nicht ganz nachvollziehen. »Du solltest ihr eine Chance geben. Sie ist wirklich in Ordnung.«

Sinje machte eine unbestimmte Kopfbewegung, sagte aber nichts.

»Nächstes Mal, wenn wir Tischtennis spielen, hole ich dich dazu, dann könnt ihr euch ein wenig besser kennenlernen«, beschloss Mia, und Sinje nickte leicht. Mia war zufrieden und beschloss nicht weiter darüber nachzudenken. Warum sollten Anne und Sinje auch nicht gut miteinander auskommen?

8

Am nächsten Tag ging Mia noch vor dem Frühstück im Kühlraum vorbei, um nach ihren Proben zu sehen. Zu groß war die Neugierde, ob sich an den Inkubationsproben schon etwas erkennen ließ und ob der Krill tatsächlich von Oilex beeinträchtigt wurde. Auf dem Flur stolperte sie fast über Henrik.

»Ich wollte nur kurz nach den Inkubationen sehen«, erklärte Mia.

»Na, dann kann ich ja gleich mitkommen, ich wollte auch vor dem Frühstück einen schnellen Blick auf die Flaschen werfen.«

Gemeinsam gingen sie zum Kühlraum. Während Mia sich in den dicken Stoff der Daunenjacke hüllte, die sie an der Tür aufgehängt hatte, öffnete Henrik die Tür. Mittlerweile war der Kühlraum auf vier Grad heruntergekühlt, und eine Wand aus kalter Luft schlug ihnen entgegen. Mia zog den Reißverschluss der Jacke bis unters Kinn hoch.

Gespannt knieten sich beide vor den unscheinbaren Pappkarton, in dem sie ihre Inkubationsflaschen aufbewahrten. Ein erster Blick in den Karton ließ Henrik erleichtert aufatmen. Keine der Flaschen war zerbrochen, obwohl der Seegang in der Nacht deutlich zugenommen hatte. Mia zog die erste Flasche aus dem Karton. Sie hatte eine der Kontrollen erwischt, und der Krill schwamm munter im Probenwasser herum. Sie besahen den Boden der Flasche, aber kein einziger Krill war über

Nacht gestorben und herabgesunken. Dann schauten sie sich die Flaschen an, die mit Oilex versetzt waren. Bei der geringsten Oilex-Konzentration sah es zunächst so aus, als wären alle Individuen noch am Leben. Ein Blick auf den Flaschenboden zeigte allerdings, dass zwei Tiere über Nacht verendet waren.

»Gut, das kann auch Zufall sein«, meinte Henrik. »Der Rest des Krills scheint mir nicht kurz vor dem Sterben zu sein.« In der Tat, die überlebenden Tiere schwammen munter in der Flasche herum.

Als sie jedoch die zweite Flasche hervorholten, die doppelt so viel Oilex enthielt wie die vorherige, schien ein Zufall eher unwahrscheinlich. Neun der fünfundzwanzig Individuen lagen leblos am Boden der Inkubationsflasche. Die nächsthöhere Konzentration hatte den gesamten Krill in der Flasche getötet. Mia und Henrik nahmen auch die anderen Flaschen in Augenschein. Sie hatten jede Konzentration in drei verschiedenen Flaschen angesetzt, um genügend Replikate zu haben. Alle Flaschen zeigten das gleiche Bild: Bereits die zweitniedrigste Konzentration von Oilex schien den Krill massiv zu schädigen.

»Wir machen gleich nach dem Frühstück einen zweiten Ansatz«, entschied Henrik. »Aber wir lassen den ersten weiterlaufen.«

Mia nickte. Ihr Magen rumorte. Ob vor Hunger oder Aufregung, konnte sie nicht sagen. Dies war die Chance, die sie sich so lange gewünscht hatte: mit ihrer Forschung direkt die Politik zu beeinflussen.

Ihr Gesichtsausdruck musste ihre Gedanken verraten haben. »Wir sollten keine voreiligen Schlüsse ziehen«, mahnte Henrik.

Mia nickte wieder. Natürlich musste alles nach wissenschaftlichen Standards ablaufen. Sie durfte sich nicht von ihren eigenen Wünschen leiten lassen. Aber selbst ein unabhängiger Beobachter hätte in diesem Fall zugeben müssen, dass drei Replikate, die alle den gleichen Trend zeigten, ein ziemlich starker Hinweis waren.

»Lass uns erst einmal frühstücken gehen«, schlug Henrik vor. Gemeinsam stellten sie die Flaschen ordentlich wieder zurück und machten sich auf den Weg in die Messe. »Vielleicht sollten wir den anderen erst einmal noch nichts von unseren Ergebnissen erzählen. Lass uns den zweiten Versuch abwarten.«

Henrik hatte natürlich recht, und doch fiel es Mia beim Frühstück äußerst schwer, Sinje und Anne nichts davon zu sagen. Die drei unterhielten sich über den immer stärker werdenden Wellengang, was für Mia jedoch auch kein besonders gutes Thema war. Sie hatte sich extra mit dem Gesicht zum Fenster gesetzt, um während des Essens den Horizont beobachten zu können. Als sie vorhin mit Henrik im Kühlraum gehockt hatte, war ihr ein wenig flau im Magen geworden. Das sanfte, aber stetige Schaukeln des Schiffes fing langsam, aber sicher an, ihr auf die Nerven zu gehen. Sie versuchte jedoch, sich einzureden, dass es besser werden würde, wenn sie erst einmal etwas im Magen hätte. Dankbar nahm sie eine der Ingwertabletten, die Anne ihr anbot, vielleicht würde die etwas helfen. Sobald sie die Meereiskante erreicht hatten, würde sich die See auch wieder beruhigen. Im Moment waren sie aber dem Wind und den Wellen des südlichen Ozeans schutzlos ausgeliefert.

Nach dem Frühstück verabschiedete sich Mia von den beiden. »Ich muss mal wieder los, wir wollen nachher noch einen zweiten Ansatz starten.«

»Habt ihr denn schon erste Ergebnisse von eurem gestrigen Versuch?«, fragte Anne.

Um ein Haar hätte Mia ihr von dem verendeten Krill erzählt. Aber sie riss sich zusammen. Was sollte Henrik von ihr denken, wenn sie nicht einmal für einen Tag etwas für sich behalten konnte? Sie wollte, dass er ihr vertraute. »Nein, noch nichts. Die brauchen aber meist auch eine Weile, bis sie auf Veränderungen in ihrer Umgebung reagieren«, antwortete Mia und ging, bevor ihr bei einer weiteren Nachfrage doch noch etwas herausrutschte.

Sie arbeiteten bis spät in die Nacht, um den alten Versuch zu beproben und den neuen anzusetzen. Mias Augen wurden trocken und begannen vom ganzen Mikroskopieren zu brennen. Sie hatte mehrere kurze Filmsequenzen vom Krill aus den verschiedenen Oilex-Konzentrationen aufgenommen, die sie anschließend am Computer analysieren würden. So wollten sie herausfinden, ob sich der Krill, der mit Oilex in Berührung gekommen war, langsamer bewegte als seine Verwandten im reinen Seewasser. Mit dem bloßen Auge konnte Mia keine Unterschiede erkennen, allerdings hatte sie zum Schluss auch Schwierigkeiten, überhaupt noch auf die kleinen Krillfüßchen zu fokussieren.

Erleichtert spülte sie auch das letzte Tier aus der Petrischale wieder in seine Inkubationsflasche und stellte alles zurück in den Kühlraum. Sie sicherte die Filme noch auf der externen Festplatte, die Lars ihr mitgegeben hatte. Am liebsten hätte sie die Filme sofort analysiert. Ein

Blick auf die Uhr verriet ihr jedoch, dass sie bereits jetzt nur noch sechs Stunden hatte, bis sie wieder aufstehen musste. Sie beschloss, diese Zeit zum Schlafen zu nutzen.

Am nächsten Morgen begnügte Mia sich mit einer kurzen Wäsche im Bad, um keine Zeit zu verlieren. Als sie zum Kühlraum ging, war die Jacke vom Haken genommen und die Tür angelehnt. Mia öffnete die Tür und sah dort schon Henrik über dem Karton hocken und die Flaschen inspizieren.

»Das sind noch die Inkubationen vom ersten Ansatz«, erklärte er Mia, als sie den Kühlraum betrat. Sie hockte sich neben ihn und sortierte die Flaschen. Mia spürte schon nach wenigen Sekunden, wie die kalte Luft durch den Stoff ihrer Kleidung kroch und auf ihrer Haut die feinen Härchen zu Berge stehen ließ. Letzteres konnte allerdings auch mit dem Anblick, der sich ihr bot, zusammenhängen. In den Flaschen, die mit Oilex versetzt worden waren, schwamm kaum noch Krill herum. Selbst in der niedrigsten Konzentration war mittlerweile die Hälfte der Tiere gestorben.

»Wow«, entfuhr es Mia. »Wie schnell soll sich Oilex im Meer verteilen?«

Henrik zuckte mit den Schultern. »Da müssen wir mal mit den Physikern reden. Könnte aber sein, dass wir die Feldversuche mit Oilex abwarten müssen.«

Geduld war nicht gerade Mias Stärke. »Ich kann nach dem Frühstück in den Veröffentlichungen von Euroil nachschauen, die müssten das ja auch untersucht haben.«

Henrik nickte. »Mach das. Aber jetzt lass uns den anderen Versuch anschauen.«

Mias Nerven waren zum Zerreißen gespannt, als sie den ersten Karton wieder zurück in die Ecke schoben und den zweiten daneben öffneten. Ein Blick auf Henriks Gesicht verriet ihr, dass er wohl die gleiche Vorahnung hatte wie sie. Mit beiden Händen fing Mia an, Flaschen aus dem Karton zu heben und zu sortieren.

»Vorsichtig«, ermahnte Henrik sie. »Wenn uns die Flaschen hier auf dem Metallboden umkippen, können wir die Probe vergessen. Und wir haben nicht unendlich viele Flaschen dabei.«

»Entschuldigung«, meinte Mia schuldbewusst und gab sich fortan mehr Mühe.

Die Flaschen des zweiten Versuchs zeigten das gleiche Bild wie beim ersten Versuch. Bereits bei der zweitniedrigsten Konzentration an Oilex war ein beträchtlicher Teil der Population gestorben. Mia konnte sich ein Lächeln nicht verkneifen. Hier hatten sie einen untrüglichen Hinweis darauf, dass Oilex den antarktischen Krill schädigte. Sie traute sich nicht, ihre Freude laut auszusprechen und mit Henrik zu teilen. Der schaute sich immer noch akribisch die Flaschen an, ohne eine Gemütsregung erahnen zu lassen.

»Morgen setzen wir alle Chemikalien noch einmal neu an, um Kontaminationen auszuschließen«, entschied Henrik.

»Natürlich«, erwiderte Mia. »Aber wenn wir die Nährstoffe falsch angesetzt hätten, müssten dann nicht auch die Tiere in der Kontrolle leiden?«, fragte sie vorsichtig.

»Theoretisch ja«, gab Henrik zu. »Aber wir müssen uns in dieser Sache absolut sicher sein. Euroil hat eine Menge Geld in die Forschung gesteckt, die werden sich nicht von ein paar gestorbenen Krilltierchen beeindrucken lassen.« Seine Stimme hatte einen fast schon besorgten Tonfall.

»Aber wir müssen ja auch nicht Euroil, sondern die Regierung überzeugen«, gab Mia zu bedenken. »Sollten wir uns mal umhören, ob die anderen auch schon erste Tendenzen abgeben können?«

Henrik zögerte. »Ich werde gleich mal mit Antje sprechen. Sie wird am ehesten einen Überblick über den Stand der Dinge auf dem Schiff haben.«

Bereits nach ein paar Minuten erschien Henrik wieder im Labor. Mia hatte inzwischen die Flaschen ordnungsgemäß zurückgestellt und versuchte, ihre Finger an der Heizung zu wärmen, bevor sie mit der Probennahme im Kühlraum begann.

»Und?«, fragte sie erwartungsvoll.

»Wir haben heute Abend eine Versammlung«, meinte Henrik. Mia konnte nicht sagen, ob er froh oder besorgt aussah. »Antje wird gleich eine Durchsage machen. Sie will, dass alle einen kurzen Überblick über ihre bisherigen Ergebnisse geben.«

Mia war gespannt, was die anderen Gruppen wohl zu berichten hatten. Camilla und Erik hatten bis jetzt keine verwertbaren Ergebnisse. Sie hatte die beiden schon morgens gefragt, als sie ins Labor gekommen waren.

»Bis heute Abend müssen wir noch einiges analysieren«, meinte Henrik. »Ich kümmere mich um die Probennahme, fang du bitte schon einmal an, die Filme von gestern auszuwerten. Wir sollten nicht nur Ergebnisse zur Mortalität, sondern auch zur Vitalität vorstellen. Sobald du mit den Filmen fertig bist, mach bitte die nächsten Filme vom ersten Versuch am zweiten Tag, und wenn dann noch Zeit bleibt, vom zweiten Versuch am ersten Tag.«

Mia nickte und machte sich an die Arbeit. Das Gefühl war mittlerweile in ihre Finger zurückgekehrt. Innerlich fluchte sie trotzdem. Die Arbeit am Mikroskop war nicht gerade ihre Lieblingsbeschäftigung. Der Wellengang war inzwischen noch heftiger geworden, und mittlerweile schien es, als hätte sich die »Kronprins Haakon« auf einen bestimmten Rhythmus eingeschaukelt. Mia kam es vor, als hätte das Schiff sich schon immer so bewegt. Als wäre sie schon immer in Schlangenlinien durch die Korridore gegangen, weil die Schiffsbewegungen sie von einer Seite zur anderen drängten. Am Anfang hatte sie noch versucht, den Bewegungen gegenzusteuern und stur geradeaus zu gehen. Sie hatte die Hoffnung, das könnte ihr bei dem flauen Gefühl helfen, das sie einfach nicht loswurde. Irgendwann im Laufe des gestrigen Tages hatte sie jedoch aufgegeben und sich den Schiffsbewegungen angepasst, statt dagegen anzukämpfen. Bei solch einem Seegang die Bewegung von Krill zu analysieren war keine besonders dankbare Aufgabe. Immerhin war Mia noch nicht vollends seekrank, im Gegensatz zu manchen anderen, wie es schien. Beim Frühstück war es verdächtig leer gewesen, und auf den Fluren traf sie weniger Wissenschaftler als üblich. Mia hatte sich inzwischen auch Pillen gegen Seekrankheit beim Bordarzt geholt. Die schienen zumindest das Schlimmste zu verhindern. Immerhin sah Mia noch nicht ganz so blass aus wie Erik, der zwischendrin immer wieder hektisch aus dem Labor verschwand.

Mia machte sich zunächst an die Auswertung der gestrigen Filme am Computer. Sie hatte die leise Hoffnung, dass die Auswertung so lange dauern würde, dass sie nicht mehr zum Mikroskopieren kam. Kurz vor dem Mittagessen hatte sie allerdings jeden einzelnen Film analysiert. Nachdem sie ihren Teller mit Erbsen und Stampfkartoffeln – für die anderen gab es dazu noch Straußensteak – verspeist hatte, setzte sie sich schließlich ans Mikroskop. Obwohl es auf einer Tischplatte mit kardanischer Lagerung befestigt war, also trotz der Schiffsbewegungen absolut parallel zum Grund stand, hatte Mia Probleme, die Kamera auf den Krill zu fokussieren. Die Tischplatte schwang mal in die eine, mal in die andere Richtung aus, und Mia hatte es schon bald aufgegeben, durch das Okular ins Mikroskop schauen zu wollen. Ihr blieb nichts anderes übrig, als auch die Grobjustierung des Fokus über die Mikroskopkamera, die mit ihrem Laptop verbunden war, zu steuern, was ungemein schwieriger war, als direkt durchs Okular zu schauen.

Nach einigen Versuchen hatte Mia den ersten Film gespeichert, ohne dass der Krill ständig aus der Fokusebene herausschwamm. Schnell suchte sie das nächste Tierchen, das mit seiner rötlichen Färbung gegen den weißen Tisch mit bloßem Auge zu erkennen war. Sie filmte drei Tiere pro Flasche, um die Reproduzierbarkeit zu gewährleisten. Die anschließende Auswertung am Computer war ein Wettlauf gegen die Zeit. Jetzt, da sie noch den zweiten Tag vom ersten Versuch gefilmt hatte, wollte sie die Ergebnisse auch für den Vortrag später verwenden, um ihre Aussagen stärker zu untermauern. Sie hatte noch zweieinhalb Stunden Zeit, bevor die Versammlung beginnen sollte. Bereits mit bloßem Auge war deutlich zu erkennen, dass sich der wenige überlebende Krill wesentlich langsamer bewegte als unter natürlichen Umständen, wesentlich langsamer auch als am ersten Tag. Der Krill in ihren Kontrollflaschen war von dem Vitalitätsverlust jedoch nicht betroffen. Wie eine Besessene starrte sie auf den Bildschirm. Das Brennen in ihren Augen ignorierte sie. Selbst das flaue Gefühl in ihrem Magen ließ sich für den Moment verdrängen. Henrik stellte in der Zwischenzeit im Gemeinschaftsbüro eine kurze Präsentation zusammen.

Fünf Minuten, bevor die Versammlung stattfinden sollte, hatte Mia alle Filme ausgewertet und alle Ergebnisse in einer Tabelle zusammengefasst.

»Ich geh schon einmal hoch«, meinte Henrik, der im Labor nach Mia schaute.

»Versuch bitte etwas später zu präsentieren, dann kann ich dir noch eine Grafik zur Beweglichkeit geben«, bat Mia. »Ich bin fast fertig.«

Als sie die Grafiken erstellt hatte, gönnte sie sich eine kurze Pause, da ihre Augen bereits tränten. Mia schnappte sich die Jacke vor dem Kühlraum und ging aufs Außendeck. Mittlerweile war es so kalt geworden, dass man es draußen nur noch kurz ohne dicke Jacke aushalten konnte. Die Wellen schlugen hart gegen das Schiff, und die Gischt sprühte ihr ins Gesicht. Beim Anblick des schier unendlichen Ozeans um sie herum befielen Mia widersprüchliche Gefühle. Sie kam sich klein und unbedeutend vor, wenn sie über die Größe der Meere nachdachte. Gleichzeitig fühlte sich ihre Arbeit so wichtig an wie noch nie.

Die letzten Tage über war auch das Wasser permanent kälter geworden, und mittlerweile hinterließ die Gischt ein prickelndes Gefühl auf Mias Gesicht. Der Wind fegte über das Schiff und zog um jede Ecke und zwischen den Rohren hindurch. Länger als ein paar Minuten hielt es Mia ohne ihre Thermohose nicht auf dem Außendeck aus. Immerhin war sie wieder etwas wacher. Das würde sie für die anstehende Versammlung brauchen. Sie spürte das bekannte Kribbeln in ihrer Magengegend aufsteigen, das sie immer begleitete, wenn sie nervös war. Nach einem letzten Blick auf die Wellen drehte sie sich um, warf die Jacke auf einen Stuhl im Labor und joggte mit ihrem Laptop die Stufen zum Versammlungsraum hinauf.

Henrik hatte ihr einen Platz neben sich frei gehalten, der Versammlungsraum war fast bis auf den letzten Platz gefüllt. Erstaunt sah Mia in der letzten Reihe auch den Kapitän mit seinem Ersten und Zweiten Offizier sitzen. Mia hatte jedoch keine Zeit, sich weiter über ihre Anwesenheit zu wundern. Während bereits der erste Vortrag lief, erklärte sie Henrik flüsternd die zwei Grafiken, die anschaulich die sinkende Beweglichkeit des Krills darstellten, damit er sie während seines Vortrags korrekt wiedergeben konnte. Mit halbem Ohr hörte sie dabei der Gruppe zu, die Phytoplankton untersucht hatte. Bis jetzt hatten sich allerdings noch keine negativen Auswirkungen von Oilex aufs Wachstum oder die Photosyntheserate gezeigt.

Mit Spannung verfolgte Mia die restlichen Vorträge. Es schien, als hätte niemand außer ihnen bis jetzt eine schädliche Wirkung von Oilex nachweisen können. Einige Gruppen hatten noch keine vorzeigbaren Ergebnisse und würden erst in ein paar Tagen, manche sogar erst kurz vor Ende der Fahrt etwas zu den Auswirkungen sagen können. Andere, wie die Gruppe, die sich mit den Meeressäugern beschäftigte, hatten noch nicht einmal mit ihren Versuchen begonnen.

Als Letzter war Henrik an der Reihe. Mia hatte während der Vorträge deutlich gemerkt, wie Henriks Anspannung immer weiter angewachsen war. Bevor er sich erhob, öffnete er seine Hände, die im Schoß zu Fäusten geballt waren, und atmete tief durch.

Wie seine Vorredner stellte Henrik sich und Mia zunächst einmal kurz vor. Bereits während Henriks Vortrag erhob sich ein Gemurmel aus der Ecke der Euroil-Mitarbeiter. Mia studierte ihre Gesichter, während Henrik die Sterberaten des Krills darlegte. Deren Ausdruck wechselte von gelangweilt über interessiert hin zu skeptisch, schließlich wurden sie ärgerlich. Als Henrik ihre Grafiken zur schwindenden Beweglichkeit von Krill präsentierte, schüttelten drei der vier Euroil-Mitarbeiter die Köpfe. Mia wappnete sich innerlich auf einigen Widerstand aus ihrer Ecke. Was ihnen dann jedoch an Feindlichkeit entgegenschlug, schockierte Mia. Es fing damit an, dass Åke sich, unmittelbar nachdem Henrik zum Ende seines Vortrags gekommen war, zu Wort meldete. Die letzten beiden Grafiken zur sinkenden Beweglichkeit des Krills wurden immer noch vom Computer an die Wand projiziert. »Das sind ja noch nicht einmal zwei vollständige Versuche«, kritisierte er. »Wie kann man da denn jetzt schon Tendenzen ableiten?«

»Nun ja, wie eben gesagt, präsentieren wir hier lediglich vorläufige Ergebnisse. Trotzdem sehen wir bereits jetzt ein Sterben des Krills«, erklärte Henrik. »Der Krill wird ja auch nicht mehr lebendig, wenn wir das Experiment weiterlaufen lassen. Der Trend zeigt eher das Gegenteil.« Er lächelte. Für Außenstehende mochte sein Lächeln ein wenig überheblich aussehen, auf Mia wirkte Henrik eher nervös.

»Was ist mit den zahlreichen Studien von Euroil-Mitarbeitern? Die haben keine schädlichen Effekte von Oilex gefunden«, entgegnete Åke.

Henrik nickte. »Das stimmt. Die Euroil-Mitarbeiter hatten allerdings auch nur arktischen Krill zur Verfügung. Und obwohl die beiden Spezies eng miteinander verwandt sind, kann man nicht davon ausgehen, dass sie auf Stress vollkommen identisch reagieren. Wie man an unseren Versuchen sehen kann.«

Åke und Thomas, ein weiterer Euroil-Mitarbeiter, flüsterten aufgeregt miteinander.

»Mal abgesehen davon, dass Sie noch nicht genug Replikate haben, um wirklich sichere Aussagen treffen zu können, sind Sie sich wirklich sicher, dass die Sterberate nicht von irgendwelchen Chemikalien, die Sie zugegeben haben, stammt? Können Sie sicher sein, dass es keine Wechselwirkung zwischen ihrem Nährstoffcocktail und Oilex gibt?«, wandte einer der anderen ein. Mia meinte sich zu erinnern, dass er Ingvar hieß. Sie rutschte unruhig auf ihrem Stuhl hin und her.

»Eine Wechselwirkung ist so gut wie ausgeschlossen«, erwiderte Henrik. »Alles, was wir zu unseren Proben dazugeben, kommt genau so auch im natürlichen Seewasser vor. Außerdem ändert sich die Zusammensetzung der organischen Materie und Nährstoffe im Meerwasser ständig mit Phytoplanktonblüten und Jahreszeiten. Selbst wenn Oilex nur im Sommer schädlich sein sollte, würde das trotzdem bedeuten, dass es nicht in der Antarktis eingesetzt werden kann. Wir haben unsere Nährstoffkonzentrationen an die Konditionen, die wir im Frühjahr finden, angepasst. Nicht nur das Phytoplankton, sondern auch der Krill ist in dieser Zeit sehr aktiv. Wenn wir ihm in dieser Zeit schaden, wird sich das am dramatischsten auf die Krillpopulation auswirken.«

Mia nickte zustimmend. Nicht dass irgendjemand auf sie geachtet hätte. Die Aufmerksamkeit war nach vorne auf Henrik gerichtet.

»Was ist mit der Durchführung der Experimente?«, fragte Åke weiter. »Sie sind nur zu zweit, und Ihre Mitarbeiterin ist eine Doktorandin. Und noch nicht einmal im dritten Jahr ihrer Arbeit.«

Mia schluckte. Sie merkte, wie sich zahlreiche Augenpaare auf sie richteten, und wünschte sich, die Aufmerksamkeit würde sich wieder nach vorne auf Henrik konzentrieren.

»Ist es wirklich verantwortungsbewusst, so eine wichtige Aufgabe von einer Doktorandin durchführen zu lassen? Vielleicht hätten Sie lieber einen Postdoc oder eine Technikerin mit mehr Laborerfahrung mitnehmen sollen?«

Mia fragte sich, ob sie irgendetwas dazu sagen sollte, fühlte sich jedoch nicht in der Lage dazu. Alles, was ihr einfiel, erschien ihr eine lahme Entschuldigung zu sein. Sie spürte, wie ihr die Hitze ins Gesicht stieg und ihre Wangen rot anliefen.

»Mia Thorsen ist durchaus in der Lage, eigene Projekte und Experimente durchzuführen. Eigentlich bräuchte sie mich überhaupt nicht hier.« Henrik lächelte ihr aufmunternd zu. »Ich vertraue Mia und ihren Fähigkeiten vollkommen. Sie arbeitet genauso sauber und gewissenhaft wie jede Technikerin.«

Mia konnte sich ein Lächeln nicht verkneifen. Es machte sie stolz, wie Henrik für sie einstand. So viel Lob hatte sie in den letzten zwei Jahren zusammengenommen nicht von ihm bekommen.

»Können Sie sich denn auch sicher sein, dass sie genauso objektiv ist? Oder denken Sie nicht, dass Mias Engagement für Greenpeace vielleicht ihre Objektivität trübt?«, fragte Åke jetzt. Grinsend lehnte er sich zurück, nachdem er seinen Trumpf ausgespielt hatte. Mia starrte ihn entgeistert an, während er herausfordernd zurückstarrte.

»Bei einem Projekt wie diesem haben wir, denke ich, alle unsere persönliche Meinung. Jeder von uns hier in diesem Raum. Trotzdem sind wir Wissenschaftler, und wir haben einen Job zu erledigen. Ich bin mir sicher, dass Mia professionell genug ist, ihre persönliche Meinung nicht mit ihrem Job zu vermischen.«

Mia nickte bekräftigend. Sie hatte Henrik vor ein paar Monaten von ihrer Arbeit für Greenpeace erzählt, hätte aber nie gedacht, dass ihr das von anderer Seite jemals vorgeworfen werden würde. Sie hatte noch nicht einmal etwas mit den Antarktiskampagnen zu tun gehabt. Vielmehr hatte sie in den letzten Jahren Strandsäuberungen organisiert und diverse Vorträge über das Meer und seine Bewohner in unterschiedlichen Klassenstufen gehalten.

Antje schaltete sich ein, bevor Mia die Möglichkeit hatte, sich selbst zu verteidigen. »Vielleicht ist der Zweck dieses Treffens ein wenig in Vergessenheit geraten. Es geht hier nicht darum, schon definitive Ergebnisse vorzustellen oder irgendjemanden anzuprangern. Es geht lediglich darum, vorläufige Ergebnisse auszutauschen und die gesamte Gruppe auf denselben Stand zu bringen«, erklärte sie. »Danke an alle, die so bereitwillig ihre Ergebnisse vorgestellt haben.« Sie stellte sich demonstrativ neben Henrik, der erleichtert seinen Laptop nahm und sich zurück neben Mia setzte. Nachdem Antje wieder die Leitung der Versammlung übernommen hatte, beendete sie das Treffen zügig.

Henrik brauchte eine Weile, um sein Netzteil aus der Steckdose zu ziehen und den Laptop in seiner Tasche zu verstauen, sodass Mia auf ihn warten musste. Sie spürte die Blicke der anderen auf sich, als sie auf den Flur strömten. Die vier Euroil-Mitarbeiter trödelten herum, bis sie am Ende nur noch zu sechst im Versammlungsraum waren.

Die Männer kamen auf Henrik und Mia zu. »Sie sollten besser zusehen, dass sie stichfeste Beweise für die Schäden von Oilex liefern. Ansonsten haben Sie keine Chance gegen Euroil«, drohte Åke. Die anderen drei hatten sich hinter ihm positioniert.

Henrik, der mittlerweile seine Sachen zusammenhatte, nickte selbstsicher. »Keine Sorge, als Wissenschaftler würde ich nie Ergebnisse veröffentlichen, hinter denen ich nicht zu einhundert Prozent stehe. Sie können sich also darauf verlassen, dass unsere Versuchsdurchführung einwandfrei sein wird. Und sollten sich unsere Ergebnisse weiter bestätigen, werden wir Ihnen Ihre stichfesten Beweise liefern«, erwiderte Henrik ruhig. »Da bringen Drohungen dann auch nichts«, fügte er noch hinzu. »Wie ich eben sagte, wir sind Wissenschaftler, und wir lassen uns nicht von Emotionen, sondern von Fakten leiten.« Dabei starrte er Åke entschlossen in die Augen. Die Spannung im Raum war geradezu mit Händen greifbar.

Åke holte Luft, als wollte er etwas erwidern, überlegte es sich dann aber anders und stolzierte aus dem Versammlungsraum, ohne Mia oder Henrik eines weiteren Blickes zu würdigen. Mia atmete erleichtert aus, als die anderen drei ihm ebenfalls wortlos folgten. Sie gewann allmählich den Eindruck, dass mit ihnen nicht zu spaßen war.

Nach der Besprechung ging Mia direkt in ihre Kabine. Sie spürte die Verantwortung schwer auf sich lasten. Hatte sie sich am Morgen noch gefreut, dass ihre Forschung endlich einen direkten Einfluss auf die Politik haben würde, fühlte sich diese Verantwortung nun eher wie eine Bürde an. Sinje saß bereits in der Kabine und arbeitete an ihrem Laptop.

»Das war ja mal eine interessante Versammlung«, meinte sie, als Mia sich neben ihr auf einen Stuhl fallen ließ.

»So kann man es auch sagen.« Eigentlich hatte Mia überhaupt keine Lust, mit Sinje zu reden. Am liebsten hätte sie Lars angerufen, aber sie hasste es, auf der Brücke zu telefonieren, wo sie jeder hören konnte. Sinje konnte nichts dafür, sie war bis jetzt immer nett zu ihr gewesen, aber ihnen beiden fehlte einfach noch das echte Vertrauen, eine enge Freundschaft, all das, was sie mit Lars oder auch ihren Freunden zu Hause verband.

»Du siehst so aus, als könntest du einen Drink vertragen«, meinte Sinje.

»Ich hab jetzt nicht so wirklich Lust, mich in die Bar zu setzen«, antwortete Mia.

»Musst du auch nicht«, sagte Sinje und zauberte eine Flasche Rotwein aus ihrer Hälfte des Kleiderschranks hervor. Sie hatte sogar zwei Weingläser aus Plastik dabei. »Die mögen es ja nicht so gerne, wenn man die Gläser aus der Bar mitnimmt, deswegen habe ich vorgesorgt«, erklärte sie auf Mias erstaunten Blick hin. »Ich hatte sogar einen Korkenzieher eingepackt, aber die Weine an Bord sind alle mit Schraubverschluss.«

»So gut bin ich nicht vorbereitet«, gab Mia zu, während Sinje ihre Gläser mit Wein füllte.

Während des ersten Glases hingen beide ihren Gedanken nach. Mia holte gesalzene Erdnüsse aus einer ihrer Schubladen, und so bekam der Abend tatsächlich etwas Gemütliches. Ihnen fehlte lediglich eine Couch.

Als sie ihr zweites Glas halb ausgetrunken hatte, lockerte der Alkohol allmählich Mias Zunge. »Ich kann einfach nicht verstehen, warum die uns so persönlich angreifen«, meinte sie. »Was ich in meiner Freizeit mache, ist ja wohl immer noch meine Sache. Und woher wissen die überhaupt davon? Haben die das Privatleben von jedem von uns vorher durchleuchtet?«

»Das war schon ziemlich aggressiv«, gab Sinje zu.

»Ich bin mir der Verantwortung durchaus bewusst, auch wenn ich nur eine Doktorandin bin. Aber ich gebe mein Bestes«, erklärte Mia.

»Das glaube ich dir sofort«, versuchte Sinje sie zu beruhigen. »Aber sieh es doch mal so: Wenn die Euroil-Mitarbeiter sich nicht ernsthaft Sorgen machen würden um ihr Produkt, hätten sie euch nicht so angegriffen. Für mich sieht es ganz danach aus, als ob sie sich sehr wohl bewusst sind, dass eure Ergebnisse ziemlich eindeutig aussehen. Das wird auch jedes Gericht der Welt so sehen, da kann sich Euroil noch so querstellen. Wenn die norwegische Regierung unabhängige Wissenschaftler beauftragt, wird sie auch die Ergebnisse bei ihrer Entscheidung berücksichtigen. Da kann Euroil noch so sehr versuchen, euch einzuschüchtern.«

Mia dachte nach. Von der Seite aus hatte sie die Reaktion von Åke und den anderen drei noch nicht betrachtet. Fühlten sie sich wirklich durch Henrik und sie bedroht?

»Das hier ist keine normale Ausfahrt, wo alle gerne ihre Ergebnisse vorstellen und objektiv diskutieren. Auch wenn wir von der Regierung finanziert werden, ist es eigentlich eine Fahrt von Euroil. Und die wollen doch nur, dass wir ihr Produkt durchwinken«, fügte Sinje hinzu.

Mia war froh, dass Sinje Euroil genauso kritisch gegenüberstand wie sie selbst.

»Du hättest mal deren Blicke sehen sollen, als wir zum Schluss zu sechst im Besprechungsraum waren«, meinte Mia und erzählte Sinje von ihrer direkten Konfrontation und der Feindlichkeit, die ihnen vonseiten der Euroil-Mitarbeiter entgegengeschlagen war. Mia redete sich ihre Sorgen von der Seele, während sich der Inhalt der Weinflasche allmählich dem Ende neigte. Sie war froh, dass sie sich Sinje doch anvertraut hatte. Es tat unglaublich gut, auf dem Schiff jemanden zum Reden zu haben.

9

Am nächsten Morgen ging Mia wesentlich besser gelaunt als noch am Vorabend an die Arbeit. Nach dem Aufstehen war sie unglaublich durstig gewesen und hatte zwei große Gläser Wasser getrunken, aber ansonsten merkte sie nichts von dem Wein. Als sie jetzt das Labor betrat, fiel ihr auf, dass Henrik nicht wie versprochen die Teströhrchen für den nächsten Tag beschriftet hatte. Sie beschloss, sich dadurch nicht ihre Laune vermiesen zu lassen. Da sie so früh am Morgen noch alleine im Labor war, konnte sie die Musik bestimmen. Kurz darauf summte Mia die Melodie zu Shakiras *Bicicleta,* während sie die Teströhrchen beschriftete.

Sie war fast durch, als Camilla und Erik das Labor betraten. »Ihr könnt gerne eure Musik zur Playlist hinzufügen, wenn ihr wollt«, begrüßte sie die beiden.

»Ein wenig Shakira kann nicht schaden«, meinte Camilla mit einem Hüftschwung und lachte.

Alle drei arbeiteten die nächsten Stunden leise vor sich hin und bereiteten die letzten Sachen für die neue Probennahme vor, während sie auf ihrem Monitor mitverfolgen konnten, wie die CTD zunächst am Kran heruntergelassen und anschließend wieder an Bord geholt wurde. Mia schnappte sich ihre Kühlbox, und gemeinsam mit Camilla und Erik, die sich ebenfalls mit ihren beiden Tabletts mit Probenflaschen bewaffnet hatten, ging sie aufs untere Außendeck.

Die anderen hatten sich bereits um die CTD versammelt, und die Ersten hatten mit ihrer Probennahme begonnen, sodass Mia nur kurz warten musste, bevor sie ihre eigenen Flaschen füllen konnte. Zwischen dem Abfüllen der Proben zog Mia ihre dicken Handschuhe an, um das Gefühl in ihren Fingerspitzen nicht vollends durch den kalten Wind zu verlieren. Normalerweise kümmerte Henrik sich um das Netz, das parallel zur CTD-Beprobung ins Wasser ging, aber heute musste Mia auch hier ran. Terje, einer der Decksmatrosen, half ihr, das Netz am kleinen Kran einzuhaken. Während sie die Sammelbecher unter die Netze hielt, ließ er die winzigen Verschlüsse zuschnappen, sodass Mia ihre dicken Handschuhe nicht ausziehen musste.

Zurück im Labor gab es immer noch kein Zeichen von Henrik. Das sah ihrem Chef so gar nicht ähnlich. Henrik hatte bis jetzt keine Probennahme verpasst, und Mia konnte sich beim besten Willen nicht vorstellen, dass er gerade diese, nachdem ihre Integrität als Wissenschaftler angezweifelt worden war, einfach vernachlässigen würde. Mia warf einen Blick auf die Telefonliste, die sie mit Magneten an der Wand befestigt hatten. Sie rief ihn in seiner Kabine an, erhielt aber keine Antwort. Wenn er dort nicht war, würde er wohl gleich auftauchen, sagte Mia sich und begann damit, ihre Proben zu filtrieren und zu fixieren. Diesmal durfte auf gar keinen Fall etwas schiefgehen, und die Proben durften nicht allzu lange im warmen Labor herumstehen. Mia ermahnte sich, ruhig zu bleiben, während sie die Wasserproben in die vorbereiteten und fertig beschrifteten Inkubationsflaschen füllte. Trotzdem kontrollierte sie jeden Schritt zweimal. Die unterschiedlichen Mengen Oilex hatte sie bereits am Morgen in die Flaschen gegeben, sodass sie sie nun gleich nach dem Abfüllen verschließen konnte. Behutsam stellte sie die Flaschen eine nach der anderen in ihre Kiste. Jede Flasche wickelte sie vorher noch in Papiertücher. Sie hatte am vorigen Abend beim Essen von einem der Crewmitglieder aufgeschnappt, dass die See noch rauer werden sollte, und wollte nichts riskieren.

Nachdem sie das Experiment gestartet hatte, wandte sie sich wieder dem Filtrationsgestell zu, das eigentlich Henrik bedienen sollte. Ein weiteres Mal versuchte Mia, ihren Chef zu erreichen, bekam jedoch wieder keine Antwort. Sein Verhalten kam Mia reichlich merkwürdig vor. Gestern noch schien Henrik so unbeeindruckt von den feindlichen Blicken der Euroil-Mitarbeiter zu sein, und heute verzog er sich in irgendeine Ecke des Schiffs, wo ihn niemand finden konnte? Und ließ sie mit der dritten Testreihe allein, ohne ein Wort zu sagen? Sie versuchte, ihren Ärger abzuschütteln und sich stattdessen ganz auf die Arbeit zu konzentrieren, die dieses Mal erheblich länger dauerte, da Mia für zwei arbeitete. Bis zum Mittagessen war sie noch nicht einmal mit den sensibelsten Proben durch, sodass sie das Essen ausfallen ließ, um sie nicht unnötig lange herumstehen zu lassen. Für einige Parameter war es vielleicht schon zu spät, Mia war sich nicht sicher, aber alleine konnte sie einfach nicht schneller arbeiten.

Sinje schaute nach dem Mittagessen bei ihr im Labor vorbei. »Hey, alles in Ordnung mit dir?«, wollte sie wissen.

»Ja, alles bestens«, gab Mia knapp zurück. Sie hatte jetzt wirklich nicht die Zeit, sich länger mit Sinje zu unterhalten.

»Du kannst dich von denen nicht so fertigmachen lassen«, begann Sinje. »Du musst früher oder später etwas essen, am besten früher als später. Wenn die dich dabei feindlich anstarren wollen, dann musst du sie eben ignorieren.«

»Was?«

Mias Verwirrung brachte auch Sinje aus dem Konzept. »Na ja, du musst die Euroil-Mitarbeiter in der Messe halt einfach ignorieren«, wiederholte sie.

Mia brauchte eine Weile, bis sie verstand, wovon Sinje sprach. »Ich habe das Mittagessen nicht ausfallen lassen, um irgendwem aus dem Weg zu gehen«, erklärte sie. »Obwohl ich auf die Gesellschaft von denen wirklich verzichten könnte. Ich war nicht oben, weil ich hier vor Arbeit kaum weiß, wo mir der Kopf steht. Henrik hat scheinbar beschlossen, sich heute freizunehmen, und das ausgerechnet bei der bisher wichtigsten Probennahme der gesamten Fahrt.«

»Das kann ich mir nicht vorstellen«, entgegnete Sinje.

»Siehst du ihn hier irgendwo?«, gab Mia gereizt zurück.

Sinje sah sich nachdenklich im Labor um, als würde sie tatsächlich nach Henrik suchen. »Jetzt wo du es sagst, fällt mir auf, dass ich ihn vorhin auch nicht beim Mittagessen gesehen habe.«

»Bist du sicher, dass er nicht beim Essen war?«, hakte Mia nach. »Vielleicht war er ja vor dir da oder ist nach dir gekommen.«

»Ich war eine der Ersten nach dem kargen Frühstück heute Morgen. Und dann bin ich an einem Tisch mit Camilla und Erik gelandet, und wir haben uns die ganze Zeit über die Rolling Stones unterhalten. Erik war bei dem Konzert in Amsterdam, und Camilla hat die vor Ewigkeiten auch mal live gesehen. Ich habe mir sogar noch einmal Nachschlag vom Nachtisch geholt, sodass wir letztendlich unter den Letzten waren, die wieder vom Tisch aufgestanden sind. Wenn Henrik zur regulären Zeit in der Messe aufgetaucht wäre, hätte ich ihn definitiv gesehen.«

»Ich könnte mal kurz nachschauen, ob er vielleicht jetzt mit der Crew isst«, überlegte Mia, während sie die Filter wechselte. Eine der Schrauben klemmte, sodass sie sich mit ihrem ganzen Gewicht dagegenstemmen musste, um sie zu lösen.

»Lass doch mich schnell nachschauen. Ich habe gerade sowieso nicht viel zu tun«, meinte Sinje und war schon wieder aus dem Labor verschwunden, ohne eine Antwort abzuwarten. Mia tat es leid, dass sie Sinje so genervt angefahren hatte. Seit sie an Bord gegangen waren, war Sinje nicht ein einziges Mal schlecht gelaunt oder unfreundlich zu ihr gewesen. Und sie dankte es ihr bereits zum zweiten Mal damit, dass sie sie abwimmelte, weil ihre Nerven blank lagen. Warum musste Henrik sich auch ausgerechnet den heutigen Tag aussuchen, um abzutauchen?

Wenige Augenblicke später war Sinje wieder zurück. »Ich habe Henrik nicht gefunden. Aber ich habe mich ein wenig umgehört, und wie es aussieht, ist er heute noch niemandem über den Weg gelaufen.«

»Das ist schon merkwürdig«, meinte Mia, während sie den letzten Filter in ein Eppendorf-Röhrchen steckte und in den Gefrierschrank legte. »Die fixierten Proben müssen sowieso noch ein wenig inkubieren. Ich glaube, ich mache mich in der Zwischenzeit daran, Henrik zu suchen.«

»Sag Bescheid, wenn du Hilfe brauchst«, bot Sinje an. »Vielleicht ist es am einfachsten, wenn du ihn über die Bordanlage ausrufen lässt. Am Ende ahnt er gar nicht, dass du nach ihm suchst. Obwohl er sich das eigentlich wirklich denken können sollte«, fügte Sinje hinzu.

Mia hatte bis jetzt immer darauf verzichtet, Henrik oder sonst irgendjemanden über die Bordanlage ausrufen zu lassen. Allerdings wäre dies tatsächlich eine recht effektive Methode, Henrik aufzuspüren, sollte er sich irgendwo auf dem Schiff aufhalten. Die Kabinen selbst waren von den Aufrufen ausgenommen, um den Teil der schlafenden oder ruhenden Besatzung nicht zu stören. Aber ans Telefon war er bislang auch nicht gegangen. Also gab Mia der Besatzung auf der Brücke Bescheid, Henrik auszurufen und ihn zu bitten, ins Labor zu kommen.

Kaum dass sie den Hörer aufgelegt hatte, ertönte die Durchsage. Zehn Minuten saß Mia auf einem der Laborstühle und starrte den Türrahmen an, als würde dies dazu führen, dass Henrik sich dort plötzlich materialisierte. Nichts dergleichen geschah, und so gab Mia es schließlich auf, noch länger auf Henrik zu warten. Sie ging zu seiner Kabine und klopfte an die Tür, zunächst zaghaft, dann hämmerte sie dagegen. In den Pausen dazwischen horchte sie auf irgendein Lebenszeichen aus dem Inneren der Kabine, vernahm jedoch nichts als das dumpfe Wummern der Maschinen, das vor Henriks Kabine besonders deutlich zu hören war.

Mias Irritation wuchs. Sie konnte sich einfach nicht vorstellen, dass Henrik den halben Tag verschlafen haben sollte. Vorsichtig drückte sie die Türklinke herunter, sie war nicht abgeschlossen. Mia wagte es jedoch nicht, einfach so hineinzugehen, und ließ die Klinke langsam wieder los. Eine Weile stand sie vor der Tür und haderte mit sich. Sie wollte wirklich wissen, was mit Henrik los war. Andererseits würde es auch eine sehr fragwürdige Situation geben, wenn sie einfach in Henriks Kabine marschierte, während er in seinem Bett lag, ob er nun verschlafen hatte oder nicht. Mit ganzer Kraft hämmerte Mia noch einmal gegen die Tür und rief Henriks Namen, so laut sie sich eben traute, ohne die anderen in den umliegenden Kabinen aufzuwecken. Als sie immer noch keine Reaktion vernahm, drückte sie die Klinke erneut herunter und öffnete die Tür einen Spalt weit. Die Vorhänge vor dem Fenster waren zugezogen, und lediglich der schwache Lichtstrahl aus dem Flur erhellte die Kabine ein wenig. Soweit Mia erkennen konnte, war das Bett sauber gemacht und definitiv leer. Sie öffnete die Tür vollständig und zuckte zusammen, als der Metallverschluss der Tür an dem Magneten an der Wand einschnappte. Sie vergewisserte sich, dass Henrik nicht in seiner Kabine war. Vorsichtshalber warf sie auch einen Blick in sein Bad, dessen Tür ebenfalls weit geöffnet war, konnte Henrik jedoch nirgends entdecken. Wo steckte er nur?

Ein Blick auf ihre Uhr verriet Mia, dass die Fixierung ihrer Proben fast abgeschlossen war. Also ging sie so schnell sie konnte zurück ins Labor und widmete sich den Proben. Camilla und Erik waren nun auch wieder vom Mittagessen zurück und an der Arbeit.

»Habt ihr Henrik heute schon gesehen?«, wollte Mia wissen.

»Er lässt dich heute ganz schön hängen, nicht?«, meinte Camilla mitfühlend. »Ich habe ihn heute noch nicht gesehen. Allerdings war ich auch den Großteil des Tages entweder im Labor oder in der Messe. Dort war er jedenfalls nicht«, bestätigte sie das, was Mia bereits von Sinje wusste.

»In seiner Kabine ist er auch nicht«, meinte Mia.

»Na ja, so groß ist das Schiff ja nicht«, meinte Camilla aufmunternd. »Wahrscheinlich taucht er gleich total zerstreut in der Tür auf und hat den ganzen Tag über irgendeiner neuen Idee gebrütet.«

Mia sah sie zweifelnd an.

»Als ich meinen Doktor gemacht habe, hatte ich auch eine Ausfahrt zusammen mit meinem Doktorvater. Der hat auf Schiffen immer liebend gerne getrunken. Eines Tages war er so betrunken, dass er sich in eines der Rettungsboote schlafen gelegt hat und den halben Tag nicht auffindbar war. Ich hatte die halbe Mannschaft schon ganz nervös gemacht, bis er endlich, ohne T-Shirt und Schuhe, aus dem Boot gekrochen kam.«

»So ist Henrik aber nicht«, widersprach Mia.

»Nein, wahrscheinlich nicht«, gab Camilla zu. »Aber vielleicht ist ihm der ganze Druck ein wenig zu viel geworden? Ihr wurdet ja gestern ganz schön angefeindet von den Euroil-Leuten.« Camilla sah sie erneut mitfühlend an. »Ich glaube übrigens nicht im Geringsten, dass einer von euch beiden die Ergebnisse gefälscht haben könnte.«

»Danke.« Mehr fiel Mia im Moment dazu nicht ein. Sie war zu sehr mit Henrik und den Proben beschäftigt. Sie nahm sich vor, ihm kräftig ihre Meinung zu sagen, wenn sie ihn endlich gefunden hatte. Ob sie damit ihre Kompetenzen überschritt? Verdient hätte er es jedenfalls.

Nachdem Mia alle Proben bearbeitet hatte, rief sie noch einmal auf der Brücke an. »Wo genau wird eure Ansage durchgegeben?«

»Überall auf dem Schiff, außer in den Kabinen«, bestätigte der wachhabende Offizier das, was Mia ohnehin schon wusste.

»Hast du Henrik immer noch nicht gefunden?«, wollte er wissen.

»Nein, und ich war schon in seiner Kabine, da ist er auch nicht.«

»Na, vielleicht ist er ja nicht in seiner eigenen Kabine.«

Mia konnte das süffisante Grinsen des Offiziers förmlich hören.

»Das halte ich für sehr unwahrscheinlich. Und selbst wenn, dann wäre er mittlerweile doch wieder aufgetaucht. Er ist nicht so rücksichtslos«, verteidigte Mia ihn.

»Tja, ich könnte eine schiffsweite Durchsage machen, die auch in den Kabinen gehört wird. Dafür müsste ich allerdings den Kapitän um Erlaubnis bitten.«

»Das wäre gut, vielen Dank.«

Der Offizier schien erstaunt. »Du weißt schon, dass du dir damit wahrscheinlich fünfzehn bis zwanzig Feinde auf einen Schlag machst, oder?«, wandte er ein.

»Kann schon sein, aber ich mache mir wirklich Sorgen um Henrik. Es ist mittlerweile Nachmittag, und niemand hat ihn seit gestern Abend gesehen«, gab Mia zu bedenken.

Ihr besorgter Ton schien den Offizier umzustimmen. »In Ordnung, ich werde mit dem Kapitän sprechen. Bleib mal kurz dran.«

Mia versuchte, ihre Ungeduld zu zügeln, während sie auf die Telefonliste an der Wand starrte, als würde sie darauf eine Antwort auf Henriks Verschwinden finden.

Vielleicht war es doch keine so gute Idee, eine Durchsage in den Kabinen zu machen? Der wachhabende Offizier hatte nicht ganz unrecht, sie würde eine Reihe von Leuten aus dem Schlaf reißen, die darüber nicht gerade glücklich sein würden. Kurz darauf vernahm sie ein Rascheln, als der Offizier den Hörer wieder aufnahm. »Der Kapitän ist einverstanden. Allerdings will er Henrik hier auf die Brücke bestellen, am besten du kommst auch hierher.«

Während Mia die Treppen zur Brücke hochstieg, erklang die Stimme des Kapitäns persönlich durch sämtliche Lautsprecher des Schiffes. Er entschuldigte sich zunächst dafür, sollte er jemanden aufgeweckt haben. Dann bat er Henrik höflich, aber mit Nachdruck darum, sich unverzüglich auf der Brücke einzufinden.

Als Mia die Brücke betrat, blickte der Kapitän sie wenig freundlich an. »Es gehört nun wirklich nicht zu meinen Aufgaben, entlaufene Wissenschaftler zu finden. Und dabei noch meine Männer aus ihrem wohlverdienten Schlaf zu holen. Im Gegensatz zu euch arbeiten die schwer«, brummte er.

Mia verkniff sich die Antwort, die ihr auf der Zunge lag. Schließlich hatte der Kapitän ihr gerade einen Gefallen getan. Der wachhabende Offizier schien sich den Zorn des Kapitäns nicht einfangen zu wollen und blieb möglichst unbeteiligt ein paar Schritte entfernt stehen. Mit dem Gesicht auf das Wasser gerichtet, warf er ihnen regelmäßig interessierte Seitenblicke zu. So warteten sie schweigend. Zunächst fünf Minuten, dann zehn. Nach zwanzig Minuten griff der Kapitän, dessen Gesichtsfarbe mittlerweile ein beunruhigendes Dunkelrot angenommen hatte, erneut nach dem Mikrofon. »Henrik Tove, hier spricht erneut der Kapitän. Du wirst dich jetzt unverzüglich auf der Brücke einfinden, das ist ein Befehl.«

Sie brauchten keine zwei Minuten warten, da öffnete sich auch schon die Tür zur Brücke. Mia atmete erleichtert auf und kam sich fast ein wenig naiv vor, weil sie einen solchen Aufstand wegen Henrik veranstaltet hatte. Dann sah sie allerdings, dass gar nicht er es war, der durch die Tür kam, sondern Antje. »Was ist denn hier los?«, wollte sie wissen. »Wieso wollen Sie Henrik so dringend sprechen? Ich hatte mich gerade hingelegt, nachdem ich die ganze Nacht durchgearbeitet habe. Und gerade als ich mich von dem Schock Ihrer ersten Durchsage erholt hatte, die übrigens unnatürlich laut in den Kabinen dröhnt, kam die zweite Durchsage. Was ist denn passiert?« Sie verschränkte die Arme vor der Brust.

»Einer Ihrer Männer ist verschwunden«, gab der Kapitän knapp zur Antwort.

»Ich kann Henrik nirgends auf dem Schiff finden. Und er hat weder auf die erste normale Durchsage heute nach dem Mittagessen noch auf die zweite reagiert«, erklärte Mia.

»Das sieht ihm gar nicht ähnlich«, stellte Antje fest.

Nachdem Henrik zehn Minuten später immer noch nicht auf der Brücke aufgetaucht war, wurde der Kapitän allmählich unruhig. »In Ordnung. Wir werden jetzt eine Rettungsübung durchführen. Wir müssen sowieso noch eine machen. Wenn sich dann alle am Heck des Schiffes versammelt haben, werden wir ja sehen, ob Henrik da ist oder nicht. Die Sirenen kann man nun wirklich nicht überhören.«

Der wachhabende Offizier nickte. »Soll ich den realen Alarm oder den Übungsalarm aussenden?«

Der Kapitän zögerte kurz. »Den realen«, entschied er dann. »Wenn dein Chef gleich auftaucht, wird er einiges zu erklären haben«, fügte er an Mia gewandt hinzu, bevor auf dem ganzen Schiff die lauten Sirenen ertönten.

Mia war froh, nicht in Henriks Haut zu stecken. Sich mit dem Kapitän anzulegen war auf keinem Schiff eine gute Idee, aber sich mit Kapitän Magnusson anzulegen schien eine besonders schlechte Idee zu sein. Selbst wenn er gute Laune hatte, flößte er Mia noch Respekt ein.

Alle vier begaben sich von der Brücke zum Heck des Schiffes. Mia widerstand der Versuchung, sich die Ohren zuzuhalten, als sie an den Lautsprechern vorbeigingen, aus denen unentwegt das Sirenengeheul tönte. Sie wollte nicht schwach vor dem Kapitän erscheinen. Immerhin war sie ja der Auslöser für den Alarm.

Am Heck des Schiffes hatte sich bereits etwa die Hälfte der Mannschaft versammelt. Mia bekam allmählich ein richtig schlechtes Gewissen, als sie sah, wie verschlafen einige der Besatzungsmitglieder aussahen. Einer der Mechaniker stand nur in Boxershorts und einem schnell übergeworfenen knittrigen T-Shirt an Deck. Die Schnürsenkel seiner Stiefel waren noch offen. Er musste erbärmlich frieren in seinem knappen Outfit. Mia versuchte, die Schuldgefühle zu verdrängen. Schließlich war es Henrik, der sich nicht an die Aufforderungen des Kapitäns hielt. Der kalte Wind zog auch durch ihren Kapuzenpullover unerbittlich und ließ sie schnell auskühlen. Sie bemühte sich, ihre klappernden Zähne unter Kontrolle zu bekommen.

Es dauerte einige weitere Minuten, bis es so aussah, als hätte sich die gesamte Schiffsbesatzung inklusive Wissenschaftler und Beobachter vollzählig versammelt.

Die beiden obersten Offiziere begannen, die Besetzung für ihre jeweiligen Rettungsboote nacheinander aufzurufen. Mia ging zu dem Boot, das an der Steuerbordseite des Schiffes hing, und meldete sich vorschriftsmäßig, als ihr Name ausgerufen wurde.

»Henrik?«, rief der Zweite Offizier. Keine Antwort. »Henrik Tove?«, versuchte er es erneut. Mia schaute sich in der Runde um, konnte ihren Betreuer aber nirgends entdecken.

»Gut, dann machen wir jetzt erst einmal weiter«, beschloss der Zweite Offizier und ging die Liste bis zum Ende durch. Dann rief er erneut Henrik auf, jedoch wieder ohne Erfolg.

»Alle vollzählig«, rief der Erste Offizier, der am backbordseitigen Rettungsboot alle seine Passagiere versammelt hatte. Der Kapitän kam zu Mias Gruppe herüber. »Und bei dir?«

Der Zweite Offizier schüttelte den Kopf. »Einer fehlt. Henrik Tove.«

Im Nachhinein war sie sich nicht mehr sicher, aber Mia meinte, dass der Kapitän für einen Moment verunsichert aussah, als wüsste er nicht, was als Nächstes zu tun sei. Dann hatte er sich wieder gefangen. »In Ordnung, dies war eine Rettungsübung. Ich möchte jetzt die gesamte Schiffsbesatzung zu einer Nachbesprechung auf der Brücke sehen«, verkündete der Kapitän. »Und du kommst auch mit«, fügte er leiser an Mia gewandt hinzu.

Mehr als ein Nicken brachte sie nicht zustande. Ihre Kehle war wie zugeschnürt, jetzt, wo Henrik auch nicht bei der Rettungsübung aufgetaucht war. Allmählich gingen ihr die Erklärungen aus, warum er nicht reagierte. Vor ihrem inneren Auge sah sie ihn in irgendeiner dunklen Ecke schwer verletzt liegen, unfähig sich zu bewegen und Hilfe zu holen. Sie schluckte ein paarmal kräftig auf dem Weg zur Brücke, um sich wieder zu sammeln. Sie durfte jetzt nicht vor der ganzen Mannschaft die Nerven verlieren.

»Danke für euer Erscheinen«, begann der Kapitän seine Ansprache auf der Brücke, als sich alle Besatzungsmitglieder versammelt hatten. Mia hatte sich in die letzte Reihe gestellt, um aus dem Weg zu sein. »Es tut mir leid, einige von euch so unsanft aus euren Betten geholt zu haben. Aber es gibt einen triftigen Grund«, fuhr er fort. »Einer der Wissenschaftler, Henrik Tove, ist nicht aufzufinden. Wie ihr sicher mitbekommen habt, gingen heute über den Tag verteilt mehrere Aufforderungen an ihn heraus, sich in seinem Labor beziehungsweise bei uns zu melden. Da er auch nach dem schiffsweiten Alarm nicht aufgetaucht ist, müssen wir davon ausgehen, dass etwas passiert ist. Wir starten jetzt also eine Suche durch das ganze Schiff. Ihr wisst, was zu tun ist, jeder nimmt sich seinen Bereich vor. Ich will, dass ihr euch anschließend alle wieder hier einfindet. Und falls ihr ihn gefunden habt, informiert mich sofort per Bordtelefon.«

Die Besatzung nickte gehorsam und strömte aus. Keiner der Männer wagte es zu murren.

»Jetzt müssen wir uns wohl wieder ein wenig gedulden.« Der Kapitän schien Mia gegenüber nun freundlicher gestimmt zu sein. Mia hatte indessen große Mühe, ruhig zu bleiben. Am liebsten hätte sie sich auf den Boden gesetzt und angefangen zu heulen, aber das hätte ihr wohl wenig Respekt vom Kapitän oder der Besatzung eingebracht. Und Henrik würde das auch nicht helfen. Sie versuchte, sich nicht weiter irgendwelche

Horrorszenarien auszumalen, was mit Henrik passiert sein könnte, und konzentrierte sich auf die Fragen des Kapitäns.

»Wann hast du ihn das letzte Mal gesehen?«

»Gestern Abend, nach der Versammlung. Henrik hat gemeint, dass ich mir nicht so viele Gedanken über die Anfeindungen der Euroil-Mitarbeiter machen soll. Dann hat er mich mehr oder weniger ins Bett geschickt, um frisch für die neue Probennahme heute Morgen zu sein.«

»War er beunruhigt nach der Versammlung?«

Mia schüttelte den Kopf. »Ich fand es ziemlich erschreckend, wie sehr wir angegriffen wurden, aber Henrik ist ganz ruhig geblieben. Auch anschließend.«

Der Kapitän nickte und schwieg dann wieder. Mia wurde mit jeder Minute, die das Telefon stumm blieb, unruhiger. Nach und nach kamen die Besatzungsmitglieder wieder zurück auf die Brücke, jeder von ihnen erfolglos. Als alle wieder versammelt waren, konnte Mia sich kaum noch beherrschen. Wo zum Teufel steckte Henrik bloß?

»In Ordnung. Die erste Suche hat nichts ergeben. Ich will, dass ihr noch einmal alles komplett durchkämmt. Jeder verdammte Winkel dieses Schiffes soll durchleuchtet werden. Auch wenn es euch noch so absurd vorkommt. Vielleicht hat er sich aus welchen Gründen auch immer in den Maschinenraum verirrt und sich dort den Kopf gestoßen, was weiß denn ich. Führt die Suche so durch, als ob ihr nach einem blinden Passagier sucht.« Er drehte sich zum Ersten Offizier. »Du koordinierst die Suche, ich werde inzwischen die Wissenschaftler zusammenrufen. Vielleicht gibt es ja jemanden, der ihn seit gestern Abend noch gesehen hat«, fügte er an Mia gewandt hinzu. Er griff zum dritten Mal an diesem Tag zum Mikrofon. »Alle Wissenschaftler haben sich sofort im Versammlungsraum einzufinden. Dies ist keine Übung, sondern eine direkte Anweisung des Kapitäns, der unter allen Umständen Folge zu leisten ist.« Der Kapitän stellte das Mikrofon ein wenig härter auf dem Tisch ab, als nötig gewesen wäre. »Wartet noch ein, zwei Minuten ab, bis alle Wissenschaftler im Versammlungsraum sind. Dann nehmt euch für eure Suche so viel Zeit wie nötig. Wie gesagt, ich will, dass jede noch so kleine Schraube auf diesem Schiff umgedreht wird. Ole, du schaust, ob irgendwelche Schutzanzüge oder Notinseln fehlen, die Henrik beim Überleben im Wasser helfen könnten. Keine der Kabinen ist tabu.« Er bedeutete Mia mit einer Handbewegung, ihm zu folgen.

»Dieses Mal finden wir ihn bestimmt«, raunte ihr Terje zu und lächelte Mia aufmunternd an, bevor sie mit dem Kapitän die Brücke verließ.

Im Versammlungsraum angekommen, setzte Mia sich ganz nach hinten und musterte die anderen. Sie kam sich seltsam distanziert vom Rest der Wissenschaftler vor und mied sogar Sinjes Blick.

»Was ist denn hier los?« Anne setzte sich auf den freien Platz neben sie.

»Henrik ist verschwunden.«

»Was? Das kann doch nicht sein. Das Schiff ist zwar groß, aber auch nicht *so groß*«, witzelte Anne.

»Doch«, gab Mia knapp zurück. Sie hatte nicht die geringste Lust, Henriks Verschwinden zu diskutieren. Außerdem wusste sie nicht, wie lange ihr die Stimme noch gehorchen würde. Schon wieder spürte sie einen Kloß im Hals, der sich unaufhaltsam seinen Weg nach oben bahnte.

Der Kapitän zählte ein letztes Mal durch, dann hielt er eine kurze Ansprache, in der er um ein Handzeichen bat, falls jemand Henrik nach der Versammlung am vorigen Abend noch gesehen haben sollte. Ein paar Hände gingen in die Höhe, Mia meldete sich unnötigerweise ebenfalls.

»Und jetzt bitte ich um ein Zeichen von allen, die Henrik heute gesehen haben«, bat der Kapitän. Alle Hände wurden ohne Ausnahme zurückgezogen. Mia schluckte schwer. Der Kapitän ließ sich indessen keine Gefühlsregung anmerken.

»Es sieht so aus, als ob Ihr Kollege seit gestern Abend von niemandem mehr gesehen wurde und seit heute Morgen nicht mehr aufzufinden ist. Ist irgendjemandem etwas Merkwürdiges aufgefallen, das uns bei der Suche helfen könnte?«

Keiner regte sich. Viele schauten verwirrt oder betreten drein.

»An diejenigen, die Henrik gestern Abend noch nach der Versammlung gesehen haben: Wo genau war das?«

Es stellte sich heraus, dass keiner der Hinweise hilfreich war. Anscheinend hatte er sich noch eine Scheibe Brot in der Messe geschmiert und wurde sowohl dort als auch auf dem Weg dorthin von mehreren Leuten gesehen. Danach konnte sich niemand mehr daran erinnern, ihm begegnet zu sein.

»Was ist denn mit Mia?«, fragte einer der Chemiker.

Mia riss sich zusammen, als sich alle Augen auf sie richteten. »Mia hat uns alarmiert und uns natürlich bereits alles Hilfreiche gesagt, was sie beizutragen hat«, verschonte der Kapitän sie davor, selbst antworten zu müssen. Mia nickte bekräftigend.

»Gut, ich bitte Sie alle trotzdem, noch ein wenig hierzubleiben, bis ich einen Telefonanruf von meinem Ersten Offizier bekomme, dass das gesamte Schiff abgesucht ist.« Keiner rührte sich, während sie auf das Klingeln des Telefons warteten. Es war unnatürlich still in dem Raum voller Menschen. Obwohl Mia nicht besonders gläubig war, betete sie inständig, dass irgendjemand Henrik doch noch in der hintersten Ecke des Schiffes gefunden hatte.

Als es endlich klingelte, ließ der Kapitän keine Reaktion erkennen, während er den Anruf entgegennahm. Er winkte dann Mia zu sich, entließ den Rest der Wissenschaftler aus dem Versammlungsraum und ging wieder Richtung Brücke.

Mia konnte die Ungewissheit nicht länger aushalten. »Haben sie ihn gefunden?«

Der Kapitän schüttelte den Kopf. Mia war froh, dass er ihr den Rücken zudrehte, da ihr Tränen in die Augen stiegen. Sie drängte ihre aufkommende Panik zurück und versuchte, sich für den Moment zu beruhigen. Später in der Kabine würde sie noch genug Zeit haben, ihren Gefühlen freien Lauf zu lassen. Jetzt musste sie die Nerven bewahren.

»Was passiert jetzt?«, fragte sie den Kapitän mit möglichst fester Stimme, obwohl ihm das leise Zittern aufgefallen sein musste. Er drehte sich jedoch nach wie vor nicht zu ihr um und gab ihr somit Zeit, die Tränen, die sich den Weg über ihre Wangen bahnten, wegzuwischen.

»Wenn er nicht auf dem Schiff ist, müssen wir leider davon ausgehen, dass er im Laufe der Nacht über Bord gegangen ist. Wir werden die Schiffe, die seit gestern

Abend in der Nähe unseres Standorts waren, kontaktieren«, antwortete der Kapitän. »Allerdings sollten wir uns wenig Hoffnung machen. Ganz abgesehen davon, dass hier nur wenige Schiffe unterwegs sind, sind die Überlebenschancen in diesen eisigen Gewässern äußerst gering. Ole hat berichtet, dass die Schutzanzüge und Rettungsinseln vollzählig sind. Falls Henrik nicht direkt beim Eintreten ins Wasser vom Kälteschock einen Herzinfarkt erlitten hat, wäre er nach spätestens einer Stunde bewusstlos geworden. Nach zwei Stunden wäre es aus medizinischer Sicht nicht mehr möglich, ihn wiederzubeleben. Die Wahrscheinlichkeit, dass ihn in diesem Zeitraum jemand gefunden hat, ist verschwindend gering«, erklärte der Kapitän sachlich.

»Sie gehen also davon aus, dass er …« Mias Stimme brach, bevor sie die Frage vollenden konnte.

Endlich drehte sich der Kapitän zu ihr um. »Es tut mir leid, aber zu diesem Zeitpunkt müssen wir davon ausgehen, dass Henrik nicht mehr lebt, ja«, bestätigte er ihre schlimmsten Ängste. Er legte ihr tröstend eine Hand auf die Schulter, als Mia ihre Tränen nun endgültig nicht mehr zurückhalten konnte.

»War er verheiratet?«, fragte der Kapitän dieses Mal wesentlich sanfter. Mia nickte. »Hatte er Kinder?« Mia nickte wieder. Der Kapitän seufzte. »Das tut mir schrecklich leid für die Familie. Solche Unfälle sind immer schlimm.«

Mia brachte keine Antwort zustande. Der Kapitän wartete geduldig mit ihr auf den Stufen zur Brücke, bis sie sich etwas beruhigt hatte. Dann gingen sie gemeinsam hinauf, wo bereits die Mannschaft wartete.

»Ich will alle Offiziere und Unteroffiziere auf der Brücke haben, der Rest kann wieder seiner Arbeit nachgehen oder sich schlafen legen«, gab der Kapitän ohne Umschweife Anweisung.

»Was ist mit Henrik?«, fragte einer der Matrosen, der, wenn Mia sich richtig erinnerte, vorgestern mit Henrik nach Feierabend ein oder zwei Bier getrunken hatte.

»Wir müssen davon ausgehen, dass er über Bord gegangen und verstorben ist.«

Niemand auf der Brücke traute sich, ein Wort zu sagen. Schließlich durchbrach der Kapitän die angespannte Stille. »Also wie gesagt, Offiziere und Unteroffiziere bleiben hier, alle anderen runter von der Brücke.«

Nachdem der Großteil der Mannschaft verschwunden war, beugte der Kapitän sich über die aktuelle Seekarte. Über seine Schulter blickend sah Mia, dass sie ganz in der Nähe von Maud Rise, einem Plateau unter Wasser im Südlichen Ozean, waren. »Wir sind in der Nähe der deutschen und der südafrikanischen Forschungsstation, nur dass leider keine von beiden über ein eigenes Schiff verfügt«, stellte der Kapitän fest. »Ihr funkt jedes Schiff in der Nähe an und fragt nach, ob sie jemanden geborgen haben«, wies er zwei Offiziere an. »Wenn wir davon ausgehen, dass Henrik gestern Abend nach neun Uhr verschwunden ist, sind seitdem rund siebzehn bis neunzehn Stunden vergangen. Selbst wenn wir jetzt umdrehen und mit Volldampf zurückfahren, schaffen wir es nicht vor heute Nacht bis dorthin, das wären rund dreißig Stunden nach dem frühesten Zeitpunkt seines Verschwindens.« Er schüttelte bedauernd den Kopf. »Das ist viel zu spät. Damit würden wir Henrik nicht mehr helfen. Wir bleiben auf Kurs.«

Mia schluckte ihren Protest hinunter. Selbst als Laie musste sie zugeben, dass niemand dreißig Stunden lang im eiskalten Wasser überleben konnte.

»Und du nimmst Kontakt mit der Küstenwache in Kapstadt auf und meldest Henrik Tove offiziell als vermisst. Die sollen so bald wie möglich eine Suchaktion starten. Die Details von Henrik findest du in der Box da.« Kapitän Magnusson deutete auf eine kleine Holzschachtel, in die er alle Reisepässe der Fahrtteilnehmer gelegt hatte. An Mia gewandt fügte er hinzu: »Ich glaube nicht, dass die Küstenwache ihn nach so langer Zeit noch finden kann. Die einzige Hoffnung sind die Schiffe, die in der Nähe sind.«

Mia kam sich seltsam fehl am Platz vor, während alle anderen sich an der Suche nach Henrik beteiligten.

Kapitän Magnusson wandte sich wieder an Mia. »Es tut mir leid, aber du kannst im Moment nichts mehr tun. Ich würde dir vorschlagen, in deine Kabine zu gehen und zu versuchen, ein wenig zu schlafen. Wir werden dich natürlich anrufen, sobald wir Neuigkeiten haben. Aber du darfst auch gerne auf der Brücke bleiben, solange du niemandem im Weg herumstehst.«

Mia nickte dankbar. An Schlaf war jetzt gar nicht zu denken, und so hielt sie sich im hinteren Teil der Brücke auf, fern von den Lichtern der Monitore, wo sie mit dem dort herrschenden Dämmerlicht zu verschmelzen schien. Sie beobachtete die Bemühungen der anderen und fühlte sich seltsam taub.

10

Erst spät in der Nacht ging Mia in ihre Kabine. Keines der Schiffe in der Gegend hatte etwas gesehen. Ein Trawler, der nördlich von Maud Rise gefischt hatte, versprach aber, sobald es hell war, die Stelle zu inspizieren, an der sie am vorigen Abend noch gewesen waren. Die südafrikanische Küstenwache hatte entschieden, dass ein ziviles Schiff und ihre Hubschrauber ausreichen mussten, um nach Henrik zu suchen. Die »Kronprins Haakon« sollte derweil unverändert ihren Kurs beibehalten.

Obwohl Mia hoffte, dass Henriks Leiche geborgen und seiner Frau übergeben werden konnte, war sie insgeheim fast froh, dass die »Kronprins Haakon« nicht nach Henrik suchen und womöglich seine Leiche bergen würde.

Mia schlich in ihre Kabine, doch obwohl sie so leise wie möglich die Tür öffnete, knipste Sinje ihr Nachtlicht an, als sie einen Schritt in die Kabine machte.

»Gibt es Neuigkeiten?«, hörte Mia ihre verschlafene Stimme hinter dem zugezogenen Vorhang.

»Nein, leider nicht.«

»Also ist Henrik jetzt als vermisst gemeldet?«

»Ja, aber sie gehen nicht davon aus, ihn noch lebend zu finden.«

Der Vorhang schwang zur Seite, und Sinje stand auf, um Mia in den Arm zu nehmen. »Kann ich irgendwas für dich tun?«, fragte sie.

Mia schüttelte den Kopf. Entgegen ihrer Erwartung fühlte sie sich unendlich müde und wollte nur noch ins Bett und alles vergessen.

Es dauerte jedoch noch eine Ewigkeit, bis sie endlich vor Erschöpfung und Anspannung in einen unruhigen Schlaf fiel.

Als sie am nächsten Morgen aufwachte, fühlte Mia sich für einen wunderbaren kurzen Augenblick normal, bis die Ereignisse des letzten Tages sich wieder in ihr Gedächtnis drängten. Nichtsdestotrotz konnte sie ihre Versuche im Labor nicht vernachlässigen. Ohne Henrik hatte sie jetzt wesentlich mehr Arbeit als vorher, und sie war fest entschlossen, ihre Experimente fortzuführen. Also verdrängte Mia den Gedanken an Henrik, so gut es ging, und stieg aus dem Bett.

Bevor sie im Labor mit der Arbeit anfing, ging sie auf die Brücke. »Gibt es Neuigkeiten?«, fragte Mia Kapitän Magnusson, der bereits wieder auf den Beinen war. Seine roten Augen verrieten, dass auch seine Nacht recht kurz gewesen war.

Der Kapitän schüttelte bedauernd den Kopf. »Die südafrikanische Küstenwache hat heute im Morgengrauen einen Hubschrauber von einem ihrer Schiffe aus losgeschickt, aber die haben nichts gefunden. Das andere Schiff, das in der Nähe war, ist ebenfalls vor Ort, aber bislang ohne Erfolg. Beide Mannschaften werden ihre Suche bis zum Mittag einstellen.«

»Können Sie mich bitte im Labor anrufen, falls es etwas Neues gibt?«, bat Mia.

»Natürlich, du wirst Neuigkeiten als Erste erfahren.« Er zögerte kurz. »Ich weiß ja nicht genau, wie ihr zwei euch die Arbeit aufgeteilt hattet, aber wenn es irgendetwas gibt, was meine Mannschaft dir abnehmen kann, dann sag bitte Bescheid. Ich erfasse zwar nicht die ganze Wissenschaft dahinter, aber ich habe durchaus verstanden, dass der Erfolg oder Misserfolg von Oilex mehr oder weniger in euren Händen liegt.«

Dankbar nickte Mia. Dies war das erste Mal, dass jemand die Situation so klar auf den Punkt brachte. Und um ehrlich zu sein, jagte es Mia eine Heidenangst ein, plötzlich derart viel Verantwortung auf ihren Schultern zu tragen. Sie hatte sich zwar immer gewünscht, dass ihre Forschung Einfluss auf die Politik und den Umweltschutz nehmen würde, aber in den Szenarien ihrer Vorstellung war sie dabei nie allein gegen einen internationalen Konzern gewesen.

Zurück im Labor schrieb sie erst einmal eine E-Mail an Professor Tindal, Henriks Vorgesetzten. Mia nahm an, dass er nach Henriks Verschwinden zumindest zeitweise für sie verantwortlich wäre. Mia schrieb bewusst von Henriks »Verschwinden«. Auch wenn die Chancen nicht gut standen, konnte sie sich noch nicht damit abfinden, wirklich über seinen Tod nachzudenken. Allerdings kam sie nicht dazu, die E-Mail abzuschicken, da Antje das Labor betrat.

»Es tut mir sehr leid, dich jetzt auch noch zusätzlich zu stressen, aber die Euroil-Mitarbeiter haben auf ein Treffen mit uns beiden bestanden.« Sie sah Mia mitfühlend an. »Ich muss natürlich als Fahrtleiterin unparteiisch und objektiv bleiben, aber ich werde mich so gut ich kann auf deine Seite stellen und dich unterstützen. Ich kenne Henrik schon seit einiger Zeit und habe ihn immer für einen integren Wissenschaftler gehalten. Und wenn er dich als seine Doktorandin ausgewählt hat, besonders für diese Fahrt, dann muss er dir vertraut haben, also werde ich das auch tun und dir den Rücken stärken.«

Antjes Unterstützung beruhigte Mia nur wenig, sie war noch zu geschockt davon, dass sie den Euroil-Mitarbeitern die Stirn bieten sollte. »Wann findet das Treffen denn statt?«

»Jetzt gleich, fürchte ich.«

Mia schluckte, nickte aber ergeben. Ein paar Stunden mehr oder weniger würden ihr wahrscheinlich auch nicht helfen. So hatte sie wenigstens keine Gelegenheit mehr, sich irgendwelche Schreckensszenarien auszumalen.

Wenig später saßen sie zu sechst im Versammlungsraum, der mit so wenigen Leuten furchtbar leer wirkte. Bis jetzt hatte Mia den vier Euroil-Mitarbeitern bei den Mahlzeiten und den Versammlungen wenig Aufmerksamkeit geschenkt. Mia betrachtete die vier, die ihr an den zwei aneinandergeschobenen Tischen gegenübersaßen, näher. Direkt neben ihr hatte Per Platz genommen, ein etwas älterer, hoch aufgeschossener Mann. Seit sie an Bord waren, hatte er sich nicht mehr rasiert, und mittlerweile zierte ein beachtlicher Bart sein Gesicht. Er mochte so um die fünfzig sein und hatte zahlreiche Lachgrübchen um den Mund. Hätte er nicht für Euroil gearbeitet, wäre er Mia wahrscheinlich sympathisch gewesen. Anders als Åke, der rechts von Per saß. Er war fast genauso groß wie Per, aber viel dünner, fast schon mager, und seine Mundwinkel schienen immer leicht nach unten zu zeigen. Er hatte Mia noch nicht einmal gegrüßt, wenn sie sich die wenigen Male irgendwo auf dem Schiff begegnet waren. Ihr direkt gegenüber waren Ingvar und Thomas, die sich bei der letzten Versammlung nicht besonders hervorgetan hatten. Zu ihrer Rechten schließlich saß Antje.

»Schön, dass es alle einrichten konnten. Danke, Mia, dass du zu diesem Treffen gekommen bist, obwohl du im Moment wahrscheinlich alle Hände voll zu tun hast«, eröffnete Antje das Treffen.

Mia meinte, von Per so etwas wie ein knappes Lächeln zu bekommen, die anderen ließen nicht erkennen, ob sie Henriks Verschwinden auch nur im Geringsten berührte.

»Wie wir ja bereits bei der letzten Versammlung klargestellt haben, sind zwei unvollständige Versuche wissenschaftlich nicht aussagekräftig. Wir fordern deshalb eine Wiederholung der Versuche«, brachte Thomas ihre Forderungen auf den Punkt.

»Henrik und ich haben nie behauptet, dass wir unsere Untersuchungen abgeschlossen hätten. Wir haben mehr als einmal betont, dass es sich lediglich um vorläufige Ergebnisse handelt, die selbstverständlich noch überprüft werden müssen. Aus diesem Grund habe ich gestern neue Inkubationen angesetzt.« Unbewusst verschränkte Mia die Arme schützend vor ihrem Körper. Sie sah Thomas auffordernd in die Augen.

»Tja, dann sind wir uns doch eigentlich alle einig«, versuchte Antje dem Treffen einen versöhnlichen Ton zu verleihen. »Wir sind alle der Meinung, dass Mia den Versuch wiederholen muss, und sie ist bereits dabei, obwohl sie im Moment eigentlich ganz andere Sorgen hat. Gute Arbeit, Mia.«

»Auch drei Versuche sind nicht aussagekräftig. Schließlich geht es hier um ein Milliardengeschäft«, warf Åke ein. »Wir verlangen mindestens zehn Replikate, und die

Ergebnisse müssen alle eindeutig sein, bevor wir sie anerkennen werden.«

»Zehn Replikate?«, fragte Mia überrascht. »Wissen Sie, wie viel Aufwand damit verbunden ist? Dafür reicht die Zeit auf diesem Schiff überhaupt nicht aus. Soweit ich mich erinnern kann, haben Sie von keinem der anderen Wissenschaftler, die Ihnen negative Ergebnisse geliefert haben, zehn Replikate gefordert.« Mia starrte Åke angriffslustig an. Sie fragte sich, wie hoch der Bonus wohl sein mochte, den die vier für diese Fahrt bekamen. Und ob ihr Bonus womöglich vom Erfolg von Oilex abhing.

»Mia hat nicht unrecht«, meinte Antje. »Wie viele Replikate wären denn deiner Meinung nach angemessen?«

Mia vernahm ein leises Schnauben aus Åkes Richtung. »Meinen Sie wirklich, das sollte eine Doktorandin entscheiden? Außer ihr haben wir alle hier schon vor langer Zeit promoviert und wissen, dass eine Doktorandenstelle noch lange keine Garantie dafür ist, dass der Student auch weiß, was er macht.«

Mia musste sich sehr zusammenreißen, um Åke nicht auf der Stelle gehörig die Meinung zu sagen. So ruhig wie möglich entgegnete sie: »Natürlich halte ich stets Rücksprache mit Professor Tindal, Henriks Vorgesetztem. Oder wollen Sie das Urteil eines dekorierten Professors auch anzweifeln?« Sie streifte Åke kurz mit einem verächtlichen Blick und wandte sich dann an die restlichen drei. »Nichtsdestotrotz bin ich jetzt nach Henriks Verschwinden Ihre Ansprechpartnerin. Und ich denke, dass vier Replikate gut machbar sind, eventuell auch ein fünftes. Sie können anschließend gerne Ihre eigenen Studien an antarktischem Krill vornehmen.«

»Nur ist es dann zu spät für die Entscheidung bei der nächsten Konferenz«, gab Åke zurück.

»Mias Argumente sind allerdings nicht ganz von der Hand zu weisen«, warf Per ein. »Sie ist jetzt alleine und hat auch nur begrenzte Ressourcen auf dem Schiff. Und wenn alle vier oder fünf Replikate ein eindeutiges Ergebnis zeigen, können wir uns doch bestimmt auch damit zufriedengeben, oder nicht?«

Mia entschied kurzerhand, dass Per vielleicht etwas weniger übel war als die anderen Euroil-Vertreter. Sie beobachtete gespannt die Reaktion der anderen drei. Ingvar und Thomas nickten zögerlich. Åke starrte stur auf den Tisch.

»Åke?«, fragte Per. »Was sagst du?«

»Fünf Replikate, nicht weniger«, bestimmte er.

»In Ordnung«, sagte Mia, bevor die anderen ihre Meinung ändern konnten.

»Na schön, dann sind wir uns ja jetzt einig, und Mia kann wieder an die Arbeit gehen«, beendete Antje das Treffen.

Mia sprang auf und ging mit raumgreifenden Schritten zurück ins Labor. Zum einen wollte sie vor den Euroil-Mitarbeitern aus dem Korridor verschwinden, zum anderen war wenig Zeit, wollte sie ihnen die verlangten Ergebnisse liefern. Sie würde die fünf Replikate schaffen, auch wenn das vielleicht die ein oder andere schlaflose Nacht bedeutete. Sie würde Euroil, und nicht zuletzt diesem Åke, beweisen, dass Henrik und sie gute Wissenschaftler waren, und sie würde ihnen ihre hieb- und stichfesten Belege mit Freude um die Ohren hauen, sobald sie das letzte Experiment fertiggestellt hatte.

Einen kurzen Abstecher auf das Außendeck gönnte sie sich allerdings noch, bevor sie die Arbeit im Labor wieder aufnahm. Die eisige Luft würde ihr dabei helfen, ihre Gedanken zu sortieren und mit einer vorbildlich geordneten Probennahme zu beginnen. Nur in ihrer Fleecejacke stand sie an der Reling im stechenden Wind und betrachtete die Eisschollen um sie herum.

»An diesem Anblick kann man sich einfach nicht sattsehen.«

Mia fuhr herum und sah Per, der unbemerkt neben sie an die Reling getreten war. Nicht gerade jemand, dem sie nach dem Treffen begegnen wollte.

»Stimmt«, gab sie knapp zurück.

»Ich finde eure Ergebnisse sehr interessant.«

»Wirklich? Für mich sah das im Meeting etwas anders aus.«

»Natürlich wäre keiner bei Euroil glücklich darüber, wenn Oilex sich doch nicht als umweltverträglich herausstellen sollte. Aber ich bin nun einmal Wissenschaftler und in erster Linie an neuen Erkenntnissen interessiert.«

»Das scheint aber nicht jedem bei Euroil so zu gehen«, kommentierte Mia.

»Du musst Åke entschuldigen, die Entwicklung von Oilex war sein Projekt in den letzten Jahren, und er hat sich einen Namen bei Euroil damit gemacht. Für ihn hängt eine Menge vom Gelingen des Projekts ab.«

»Dafür ist er bereit, die Balance des antarktischen Ökosystems aufs Spiel zu setzen?«

»Nein, er wird sich natürlich ebenfalls nach den wissenschaftlichen Ergebnissen richten. Ich möchte ja auch, dass meine Kinder noch ein unberührtes Eismeer zu bestaunen haben. Mein Ältester will Chemie studieren und später wie sein Vater an Forschungsfahrten teilnehmen«, lächelte Per stolz.

Mia konnte sich trotz ihres Ärgers auf Euroil ein Grinsen nicht verkneifen. Sie wusste zwar nach wie vor nichts Gutes über Åke zu sagen, aber vielleicht waren nicht alle Euroil-Mitarbeiter so unsympathisch, wie sie gedacht hatte.

Zurück im Labor musste Mia zunächst dafür sorgen, die ersten drei Durchläufe ihrer Experimentreihen zu beproben. Sie schob alle Gedanken an Euroil beiseite und konzentrierte sich auf ihre Arbeit. Während sie gerade mit der Probennahme beschäftigt war, kam Anne ins Labor. »Ich hab gesehen, wie du vorhin aus dem Versammlungsraum mit den Euroil-Leuten gekommen bist. Gab es wieder Ärger?«

Mia schüttelte den Kopf. »Wir haben uns jetzt auf fünf Replikate geeinigt«, erklärte sie kurz.

»Darauf hat sich Euroil eingelassen?« Anne klang überrascht.

»Das war das einzig Machbare.«

»Und habt ihr sonst noch etwas besprochen?«

»Nein … Anne, sei mir bitte nicht böse, aber ich habe ohne Henriks Hilfe furchtbar viel zu tun, und mir darf jetzt wirklich kein Fehler unterlaufen.«

»Nein, klar, das verstehe ich.« Anne machte zwei Schritte auf die Tür zu. »Aber vielleicht kann ich dir ja auch helfen«, meinte sie dann. »Ich bin zwar ein wenig aus der Übung, was die Laborarbeit anbelangt, aber wenn du mich ein bisschen einarbeitest, könnte ich dir sicher eine Hilfe sein. Immerhin habe ich mir ja schon einmal den ganzen Ablauf angeschaut.«

Mia hätte liebend gerne ein wenig Hilfe im Labor gehabt. Allerdings war sie sich nicht sicher, wie Euroil es aufnehmen würde, wenn eine relativ ungelernte Person wie Anne bei so wichtigen Experimenten mitarbeitete, wenn sie schon Mia als »bloße Doktorandin« diskreditierten. Sie konnte sich die Reaktion von Åke bildlich vorstellen. Mia durfte sich und die Ergebnisse auf keinen Fall angreifbar machen, und dazu gehörte für sie auch, jeden Schritt selbst zu erledigen, jetzt, wo Henrik verschwunden war. Nur so konnte sie später mit hundertprozentiger Sicherheit sagen, dass alles seine Richtigkeit hatte.

»Das ist wirklich lieb von dir. Aber ich stehe im Moment unter enormer Beobachtung. Der kleinste Fehler, und Åke nimmt mir meine ganzen Ergebnisse auseinander. Ich mache lieber jeden Handgriff selbst.«

»Natürlich, die wichtigen Dinge musst du auch selbst machen. Aber Kleinigkeiten, wie zum Beispiel die Flaschen zum Kühlschrank zu bringen oder Flaschen zu waschen oder so, das kann ich gerne machen.«

Mia war kurz davor, die Geduld zu verlieren. Auch wenn Anne es nur gut meinte, sie wollte jetzt endlich mit der Arbeit beginnen, und zwar allein. »Ich weiß, dass das wirklich nett von dir gemeint ist, aber in diesem Fall fürchte ich, muss ich wirklich alles selbst machen. Nicht dass ich deinen Kompetenzen im Labor nicht trauen würde. Ich hoffe, das verstehst du.«

»Na klar, deine Entscheidung.«

Mia glaubte herauszuhören, dass Anne ein wenig enttäuscht klang. Sie nahm sich vor, später noch einmal mit ihr zu reden, um die Wogen zu glätten. Im Moment musste sie sich aber auf das Pipettieren konzentrieren und entgegnete nichts, als Anne aus dem Labor ging.

Mia lebte die nächsten Tage über quasi in ihrem Labor, während sie die ersten drei Durchläufe des Experiments beprobte. So detailliert wie bei diesem Versuchsaufbau hatte sie ihr Laborbuch noch nie zuvor geführt. Aber sie war entschlossen, abends eine halbe Stunde extra zu investieren und jede Kleinigkeit aufzuschreiben, um ihre Ergebnisse überprüfbar zu machen. Sich so auf ihre Arbeit zu konzentrieren half ihr auch dabei, nicht ständig über Henriks Verschwinden nachzudenken.

Am Abend nach Henriks Verschwinden hatte der Kapitän eine erneute Versammlung einberufen, in der er schließlich erklärt hatte, dass seine Mannschaft das Schiff mehrmals erfolglos durchsucht hatte und er keine andere Möglichkeit mehr in Betracht ziehen konnte, als dass Henrik über Bord gegangen war. »Henriks Kabine ist verschlossen und versiegelt worden. Obwohl wir zum jetzigen Zeitpunkt von einem Unfall ausgehen, wird es nach unserer Rückkehr eine polizeiliche Untersuchung geben. Das bedeutet auch, dass sich alle für Verhöre zur Verfügung halten müssen.« Er sah eindringlich in die Runde. »Aber da es sich um einen Kollegen und Freund von euch handelt, rechne ich ohnehin damit, dass jeder von euch die Polizeiarbeit unterstützt.«

Der Bordarzt, der in der ersten Reihe saß, bot psychologische Beratung an, falls jemand Beistand brauchte. Dabei sah er Mia fest in die Augen. Sie fühlte sich jedoch wesentlich wohler dabei, mit Sinje über ihre Gefühle zu reden, als sich dem Bordarzt anzuvertrauen, mit dem sie zuvor noch kein einziges Wort gewechselt hatte, außer sich von ihm Pillen gegen Seekrankheit verschreiben zu lassen. Also lehnte sie das Angebot höflich, aber bestimmt ab, als der Arzt sie nach der Versammlung im Flur abpasste.

Sie konzentrierte sich ohnehin lieber darauf, die Arbeit, die sie mit Henrik zusammen begonnen hatte, zu Ende zu führen. Nachdem die drei Experimente jeweils fünf Tage gelaufen waren, sahen die Ergebnisse ziemlich eindeutig aus. Über neunzig Prozent des Krills waren an der Kontamination mit Oilex verendet. Mia speicherte die Auswertungen mit Genugtuung auf ihrer externen Festplatte. Auch wenn noch viel Arbeit vor ihr lag – schließlich musste sie das Experiment noch mindestens zwei Mal wiederholen –, hatte sie ihre Selbstsicherheit im Labor wieder zurückgewonnen. Sie war sich jedoch nicht sicher, ob sie bereits jetzt um ein weiteres Treffen mit den Euroil-Mitarbeitern bitten oder lieber warten sollte, bis sie alle fünf Replikate beisammenhatte. Nachdem sie ein wenig über die Frage nachgegrübelt hatte, beschloss Mia, eine zweite Meinung einzuholen.

Sie nahm die Stufen bis zur Brücke und von dort hinauf ins meteorologische Labor, aber Sinje war nirgends zu sehen. Also ging Mia in ihre Kabine, um dort nach ihr zu schauen. Für einen Moment beschlich sie ein ungutes Gefühl. Was, wenn Sinje auch verschwunden war? Als sie die Tür öffnete, sah sie so gut wie nichts, es war stockdunkel. Sinje hatte die Vorhänge vor den Fenstern und auch den vor ihrem Bett zugezogen. Erleichtert vernahm Mia ruhige, tiefe Atemzüge hinter dem Vorhang. Da Mia ihre Freundin nicht bei ihrem wohlverdienten Schlaf stören wollte, schloss sie die Tür so leise wie möglich hinter sich und lief den Korridor entlang. Im Treppenhaus blieb sie unentschlossen stehen. Sie sah auf die Uhr und überschlug, dass es in Bergen kurz nach vier Uhr nachts war, mit Lars konnte sie also auch nicht sprechen. Obwohl Professor Tindal ihr seine volle Unterstützung zugesichert und ihr seine private Handynummer gegeben hatte, damit sie ihn Tag und Nacht erreichen konnte, bezweifelte Mia, ob er wirklich so dringend von ihren Ergebnissen hören wollte, dass er bereit war, dafür seinen Schlaf zu opfern.

Blieb noch Anne. Seitdem Mia sie vor ein paar Tagen mehr oder weniger aus dem Labor geschmissen hatte, waren sich die beiden eher aus dem Weg gegangen. Bis auf ein Mittagessen, bei dem sie zusammen am Tisch gesessen hatten, verbrachten sie ihre Zeit eher getrennt. Mias Drang, sich jemandem anzuvertrauen, war jedoch stärker, und so trat sie wieder den Weg nach oben an. Dieses Mal ging sie in den Computerraum, der unter anderem auch als Annes Büro diente.

»Hey«, grüßte sie unsicher, als sie den Raum betrat.

»Hallo, was machst du denn hier?«, fragte Anne erstaunt.

»Ich könnte jemanden zum Reden gebrauchen.« Mia wollte lieber gleich auf den Punkt kommen.

Anne drehte sich auf ihrem Stuhl um und sah sie aufmerksam an. »Na klar, setz dich.«

Mia sah sich in dem Raum um, in dem neben Anne auch die Euroil-Mitarbeiter in einer Ecke arbeiteten. Åke schaute zwar konzentriert auf seinen Laptop, Mia wurde jedoch das Gefühl nicht los, dass er sie heimlich beobachtete. »Das ist allerdings eher privat«, meinte sie ausweichend.

»Ich wollte mir sowieso gerade einen Kaffee in der Messe holen. Wieso setzen wir uns nicht in die Lounge?«

»Perfekt.« Mia war erleichtert, dass Anne es ihr so leicht machte. Sie schien nicht sauer auf Mia zu sein, obwohl sie guten Grund dazu gehabt hätte.

»Also, was ist los, dass du nicht vor den anderen darüber reden willst?«, fragte Anne nun ein wenig besorgter, als sie sich beide mit einer Tasse Kaffee in die bequemen Sessel der Lounge gefläzt hatten. Um diese Zeit waren sie dort alleine.

»Ich bin vorhin mit der Auswertung des dritten Experiments fertig geworden.«

Anne setzte sich ein wenig aufrechter hin. »Und?«

»Es bestätigt unsere Ergebnisse vom ersten und zweiten Durchlauf«, sagte Mia, nicht ohne ein klein wenig Stolz in der Stimme. Dann dachte sie daran, wie interessiert Henrik an den Ergebnissen gewesen wäre und bekam sofort Gewissensbisse, dass sie in den letzten Tagen so wenig an ihn gedacht hatte.

»Wow, das ist ja der Wahnsinn«, meinte Anne und riss Mia aus ihren Gedanken. »Also nicht, dass ich an eurer wissenschaftlichen Integrität gezweifelt hätte«, fügte sie schnell hinzu.

»Ich bin echt erleichtert, dass sich die Ergebnisse bestätigt haben«, gab Mia zu. »Einen Fehler zu entdecken, nachdem Henrik für die Ergebnisse höchstwahrscheinlich mit dem Leben bezahlt hat, wäre hart gewesen. Aber jetzt bin ich mir eben nicht sicher, was ich machen soll. Ich habe noch zwei Replikate vor mir, noch ist also nichts in Stein gemeißelt. Auf der anderen Seite sollte ich wahrscheinlich Per und die anderen von Euroil auf dem Laufenden halten. Aber ich habe keine Lust, mich bei einem Gespräch schon wieder zur Zielscheibe zu machen.«

Anne nickte verständnisvoll, während sie mit einer Haarsträhne spielte. »Wie wäre es denn«, schlug sie nach einer Weile vor, »wenn ich das mal bei denen anspreche?«

»Du?«, fragte Mia. Ihre Frage klang skeptischer, als sie es beabsichtigt hatte.

»Na ja, natürlich nicht offiziell in deinem Auftrag. Ich könnte es ja beim Essen ins Gespräch einstreuen und mal schauen, wie die vier reagieren. Und wenn sie mit dir sprechen wollen, wissen sie ja, wo dein Labor ist.«

Nun war es an Mia, eine Weile schweigend aus dem Fenster auf den Horizont zu starren, der stetig schwankend an ihnen vorbeizog. »Eine inoffizielle Information also.« Sie dachte noch ein wenig darüber nach und kam dann zu dem Schluss, dass die Idee gar nicht so schlecht war. »Gut, so machen wir es. Vielleicht könntest du auch noch einflechten, dass ich bereits heute Nachmittag den neuen Versuch starte. Damit sie merken, dass ich alles dafür tue, um die fünf Replikate zu schaffen.«

»Ja klar, kein Problem. Wenn schon nicht im Labor, kann ich dir auf diese Weise wenigstens ein wenig helfen.« Sie strahlte Mia so fröhlich an, dass Mia fast wieder ein schlechtes Gewissen bekam, weil sie Annes Hilfe das erste Mal ausgeschlagen hatte.

Mia ließ zum zweiten Mal in drei Tagen das Mittagessen ausfallen, um rechtzeitig alle Proben- und Inkubationsgefäße zu säubern. Außerdem setzte sie alle Chemikalien, wie die Nährstoffzugaben und das Phytoplankton, die sie für die Inkubationen brauchte, neu an. Schließlich sollte ihr niemand vorwerfen können, dass sie unsauber gearbeitet hätte. Nach dem Mittagessen stand Sinje in der Tür des Labors. »Ich hab dich eben in der Messe vermisst.«

»Ich habe noch so viel vorzubereiten für heute Nachmittag«, erklärte Mia.

»Das habe ich mir schon gedacht, du kommst ja im Moment überhaupt nicht mehr aus dem Labor raus.«

»Zum Abendessen bin ich wieder oben«, versprach Mia.

»Gesund ist das aber nicht«, tadelte Sinje. »Deswegen habe ich auch den Steward überredet, mir eine extra Portion für dich mitzugeben. Er will den Teller aber zum Abendessen sauber gespült zurückhaben.« Sinje zauberte hinter ihrem Rücken einen Teller mit Salzkartoffeln, Blumenkohl und weißer Soße hervor. Mias Magen fing sofort an zu knurren, als Sinje mit dem Teller das Labor betrat und sich der Duft im Raum ausbreitete.

»Wo kann ich das denn hinstellen, ohne etwas zu kontaminieren?«, fragte Sinje.

Mia deutete auf den kleinen Absatz unter den Bullaugen. Der Absatz war zwar ebenfalls mit roten Anti-Rutsch-Matten ausgelegt, diente aber eher als Ablage für Wasserflaschen und ab und zu ein Stückchen Kuchen, das Mia sich nachmittags aus der Messe holte.

»Vielen, vielen Dank«, sagte Mia, während sie sich die blauen Nitrilhandschuhe abstreifte.

»Einer muss ja darauf achten, dass du nicht völlig vom Fleisch fällst.«

»Wie meine Mutter.«

»Erwarte jetzt aber nicht, dass ich dir morgen früh das Bett mache«, stellte Sinje lächelnd klar. »Kann ich dir sonst noch irgendwie helfen? Ich habe vorhin von Anne gehört, dass du die Ergebnisse von den ersten beiden Durchläufen reproduzieren konntest?«

Mia nickte. »Bis jetzt sieht alles ganz danach aus. Deswegen setze ich auch heute Nachmittag gleich die vierte Versuchsreihe an. Ich wollte dir eigentlich gleich davon erzählen«, meinte sie ein wenig entschuldigend. »Aber du hast geschlafen, und ich wollte dich nicht wecken.«

»Ja, die letzte Nacht ist ziemlich kurz ausgefallen. Der Wind hat den Regensammler aus seiner Verankerung gerissen, und ich musste erst einmal den Schaden beheben. Aber heute habe ich wieder weniger zu tun. Wenn du also Hilfe oder jemanden zum Reden brauchst, dann komm einfach vorbei.«

Mia nickte dankbar, während sie im Türrahmen stand und den Blumenkohl mit den Kartoffeln vermischte. Auch wenn die Regeln auf Schiffen, was Getränke und Essen im Labor anging, eher locker gehalten wurden, konnte sie sich gut vorstellen, was passieren würde, wenn Åke sie mit ihrer Mahlzeit hier im Labor finden würde. Der Türrahmen schien ihr ein akzeptabler Kompromiss. »Im Moment muss ich nur noch einiges vorbereiten, da brauche ich keine Hilfe, aber vielen Dank für dein Angebot«, lehnte Mia auch Sinjes Hilfe ab.

Sie schlang das Mittagessen hinunter und säuberte den Teller vorsichtig in der Spüle, bedacht darauf, keine Essensreste aus der Spüle herausspritzen zu lassen. Dann holte sie die Inkubationsgefäße aus dem Trockenofen, beschriftete alle Flaschen und setzte ihre Nährstofflösung neu an. Sie überlegte, ob sie sich auch eine neue Probe von Oilex holen sollte, bevor sie die Inkubationsflaschen damit befüllte. Nur um ganz sicherzugehen. Da die Euroil-Mitarbeiter sowieso schon von Anne über ihren neuen Ansatz informiert worden waren, konnte sie sie auch um eine neue Probe bitten. Sie beschloss, nach Per zu suchen. Von ihm konnte sie am ehesten Unterstützung erwarten. Schließlich war ein sauberer Versuchsablauf auch in seinem Interesse, redete Mia sich ein.

Im Treppenhaus kam ihr Kapitän Magnusson entgegen. »Wie praktisch, mit dir wollte ich sowieso noch sprechen«, meinte er, als er sie sah. »Meine Männer haben das Schiff nach möglichen Stellen abgesucht, an denen jemand durch einen Unfall über Bord gegangen sein könnte.«

Mia nickte.

»Du kennst doch sicher den Container auf dem Arbeitsdeck, der direkt am Heck steht?«

Mia nickte wieder.

»Hinter dem Container ist ein wenig Platz, von dem aus man einen wundervollen Blick auf das Wasser hat. Allerdings ist die eine Ecke lediglich mit Seilen abgesichert. Es wäre gut vorstellbar, dass Henrik nach der Versammlung einen klaren Kopf bekommen wollte und sich in diese Ecke zurückgezogen hat. Wenn du dich erinnerst, war der Wellengang an diesem Tag wesentlich stärker als zurzeit, und das Arbeitsdeck war von der Gischt ganz feucht. Womöglich ist er auf dem nassen Boden ausgerutscht, unglücklich auf die Seile gefallen und hat nicht rechtzeitig Halt gefunden.«

Mia war sich nicht sicher, ob sie wirklich so genau wissen wollte, wie Henrik ums Leben gekommen war.

»Natürlich wird es noch offizielle Ermittlungen der Polizei geben. Wir haben ihnen bereits Fotos der Stelle geschickt, außerdem ist das Deck hinter dem Container ab sofort für alle gesperrt.« Der Kapitän sah sie gespannt an.

Mia wusste nicht recht, wie sie auf die Neuigkeiten reagieren sollte. Es war einfacher, Henrik aus ihren Gedanken zu verbannen. »Danke für die Erklärung«, antwortete sie etwas ausweichend, und: »Ich weiß es wirklich zu schätzen, dass Sie mich auf dem Laufenden halten«, fügte sie schnell hinzu, bevor der Kapitän ihre verhaltene Reaktion als Desinteresse missverstehen konnte.

Kapitän Magnusson schien mit ihrer Antwort zufrieden, nickte und stieg dann weiter die Stufen hinab.

Mia schaute ihm kurz nach, ging dann weiter zum Computerraum auf Deck 7. Sie warf einen vorsichtigen Blick hinein, als sie aber nur Åke und Thomas sah, trat sie wieder einen Schritt zurück in den Flur. Verunsichert blieb sie einen Moment stehen, als sie Schritte näher kommen hörte. Jeden Moment würden sie um die Ecke biegen und sie unschlüssig vor dem Büro warten sehen. Also beschloss Mia, zu gehen und es ein wenig später noch einmal zu versuchen. Sie setzte sich wieder in Bewegung und wäre dabei fast mit Per zusammengestoßen, der mit großen Schritten um die Ecke kam.

»Ups. Tut mir leid«, entschuldigte er sich. »Dich sieht man hier ja eher seltener. Was machst du denn hier oben bei uns schon zum zweiten Mal heute?«, fragte er neugierig, aber nicht unfreundlich.

»Ich wollte eigentlich zu dir.«

Per sah verdutzt aus. »Geht es um die neuen Ergebnisse? Anne hat uns beim Mittagessen davon erzählt.«

»Nein, es geht um den neuen Ansatz. Ich dachte, ich setze alle Chemikalien noch einmal neu an, nur um sicherzugehen. Hättet ihr noch eine Probe von Oilex für mich?«, fragte sie und versuchte, möglichst freundlich zu lächeln.

»Klar, kein Problem«, entgegnete Per unerwartet zuvorkommend. »Komm mit nach unten.«

Froh, dass sie nicht zu Åke ins Büro musste, folgte Mia Per in einen der Kühlräume. Er gab ihr Nitrilhandschuhe zum Überziehen. »Oilex ist natürlich auch auf Hautverträglichkeit getestet worden und unbedenklich. Aber man kann ja nie vorsichtig genug sein.«

Mia verkniff sich einen Kommentar, während er ihr gesäubertes Probenröhrchen mit dem farblosen Oilex befüllte. Mia betrachtete das Röhrchen nachdenklich. Einmal hatte sie Lars stolz in ihrem Labor in Bergen herumgeführt, aber er war wider Erwarten nicht wirklich beeindruckt gewesen. Als Mia versucht hatte, die Räumlichkeiten mit seinen Augen zu sehen, war ihr klar geworden, wie unspektakulär ein Labor auf Außenstehende wirken musste. Die verschiedenen Geräte waren alle mehr oder weniger quadratisch, und die weißen Pulver und durchsichtigen Flüssigkeiten in den Regalen sahen wenig aufsehenerregend aus. Doch auch wenn es so scheinen mochte, als ob Mia lediglich ein wenig Wasser in den Händen hielt, trug sie ihre Oilex-Probe fast andächtig zurück ins Labor. Dort gab sie die jeweils auf dem Flaschenhals vermerkte Konzentration von Oilex in die Flaschen sowie Nährstofflösung, um den Krill zum Wachstum zu ermutigen. Zu jeder Flasche fügte sie fast einen Liter künstlich zubereitetes Meerwasser hinzu. Gerade als sie die letzte Flasche befüllt hatte, sah sie auf dem Computermonitor im Labor auch schon die CTD an Bord kommen. Draußen war es ziemlich windig, und die Wellen schlugen heftig gegen das Schiff. Die CTD, die nur an einem Stahlseil von einer Winde hing, schwankte gefährlich, und vier Männer waren nötig, um sie sicher wieder an Bord zu holen. Obwohl die Sonne schien, sah die Szene auf dem Monitor bedrohlich aus, und Mia war froh, geschützt in ihrem Labor zu sitzen.

Bei diesem Wetter war es den Wissenschaftlern nicht gestattet, draußen zu sein. Zu groß war die Gefahr, dass einer von ihnen über Bord gehen würde. Also musste Mia ihr Netz an Fred, einen der Matrosen, geben, der es für sie ins Wasser ließ. Mia wurde das Gefühl nicht los, dass der Kapitän nach Henriks Verschwinden noch vorsichtiger geworden war und die wissenschaftliche Besatzung am liebsten in ihren Kabinen eingesperrt hätte, um sicherzugehen, dass keine Unfälle mehr passierten.

Die CTD wurde anschließend direkt in den Hangar gefahren, verankert, und erst nachdem die Tür zum Außendeck geschlossen war, durften die Wissenschaftler mit ihrer Probennahme beginnen. Wie um einen Maibaum ging es im Kreis um die Probenflaschen herum.

Zurück im Labor vereinzelte Mia jeweils fünfundzwanzig Individuen und befüllte die Probenflaschen mit ihnen. Die Uhr zeigte bereits halb neun an, als eine besonders hohe Welle gegen das Schiff schlug und die Probenflasche, die Mia gerade akribisch befüllt hatte, gefährlich schwankte. Sie bekam die Flasche gerade noch zu fassen, bevor sie vom Tisch fallen konnte. Dabei schwappte allerdings ein wenig von dem Gemisch aus Meerwasser, Krill, Nährstoffen und Oilex auf den Tisch. Mia fluchte. Ein Blick auf die Flasche verriet ihr, dass ungefähr siebzig Milliliter verschüttet waren. Für einen kurzen Moment überlegte sie, ob es tatsächlich einen großen Unterschied machen würde, wenn sie die Flasche einfach mit künstlichem Meerwasser auffüllen würde. Die Konzentrationen würden sich nur minimal ändern.

Dann schimpfte sie sich in Gedanken selbst aus. Das war keine wissenschaftliche Herangehensweise, und Henrik hätte so eine schlampige Einstellung nicht geduldet. Also stellte sie die Flasche zunächst zur Seite, um erst einmal alle anderen Flaschen mit Krill zu befüllen. Als sie endlich fertig war, setzte sie eine neue Flasche an, um die übergeschwappte Probe zu ersetzen.

Anschließend stellte sie alle ihre Flaschen in einen Karton und schleifte diesen zum Kühlraum. Zurück im Labor warf sie einen kurzen Blick auf die Flasche, deren Inhalt sie teilweise verschüttet hatte. Ursprünglich hatte sie die Flasche reinigen wollen, allerdings tränten ihre Augen bereits vor Müdigkeit, und das Bett schien selbst über die verschiedenen Decks hinweg eine magische Anziehungskraft auf sie auszuüben. Sie stellte die Flasche kurzerhand in den Kühlschrank und nahm sich vor, sie gleich als Erstes am Morgen zu säubern. Um kurz nach elf fiel sie erschöpft, aber zufrieden ins Bett und schlief sofort ein.

Am nächsten Morgen wachte Mia bereits vor ihrem Wecker auf. Da es sowieso fast an der Zeit war, aufzustehen, schlich sie sich leise ins Bad, um Sinje nicht zu wecken. Mias Magen knurrte deutlich vernehmbar, also machte sie einen kurzen Umweg in die Messe, wo sie sich eine Tasse Kaffee und eine Scheibe Brot mit Käse holte, dann ging sie ins Labor. Sie schob sich gerade den letzten Bissen ihres Käsebrotes in den Mund, als sie den Kühlraum betrat, um ihre neueste Inkubation zu begutachten. Als Mia den Karton mit ihren Proben hervorholte und die Flaschen für den ersten Zeitpunkt inspizierte, stutzte sie. Im schummrigen Licht des Kühlraums sah sie den Krill munter in der Flasche herumschwimmen. Mia trat mit der Flasche aus dem Kühlraum heraus, um ihre Probe bei besserem Licht betrachten zu können. Ihr bot sich jedoch das gleiche Bild. Der Krill schwamm kreuz und quer durch das Wasser. Auch von unten aus betrachtet konnte sie nicht ein einziges Tier sehen, das gestorben und auf den Boden der Flasche gesunken war. Mia las erneut die Beschriftung der Flasche. Eigentlich sollte sie eine mit mittlerer Konzentration von Oilex in der Hand halten. Doch im Gegensatz zu den ersten drei Experimenten schien der Krill dieses Mal überhaupt nicht von der Chemikalie beeinträchtigt zu werden. Vielleicht hatte sie die Flaschen beim Befüllen vertauscht? Obwohl sie sich alle Mühe gegeben hatte, konzentriert zu arbeiten, und am Vortag vier Mal einen Umweg zum Kaffeeautomaten gemacht hatte, war es durchaus möglich, dass ihr doch ein Fehler unterlaufen war. Immerhin arbeitete sie seit Tagen ununterbrochen.

Mia schob die Tür des Kühlraums auf, die lediglich angelehnt war, und holte die anderen Flaschen mit den unterschiedlichen Oilex-Konzentrationen in den Vorraum. Ungläubig stellte sie fest, dass selbst in der Flasche mit der höchsten Konzentration alle Individuen noch am Leben waren und ziemlich vital durch die Gegend schwammen. Eine Flasche hätte sie vielleicht versehentlich falsch befüllen können, aber alle? Mia ging in Gedanken noch einmal ihre Vorbereitung am Vortag durch. Vielleicht hatte sie vergessen, die Chemikalie dazuzugeben? Sie war sich aber eigentlich hundertprozentig sicher, dass sie Oilex dazugegeben hatte. So einen wichtigen Schritt würde sie selbst in einem völlig übermüdeten Zustand nicht einfach vergessen.

Mia betrat ein drittes Mal die Kühlkammer und zog den gesamten Karton in den Vorraum. Sie inspizierte jede einzelne Flasche, auch diejenigen, die sie erst zu späteren Zeitpunkten beproben wollte. Ihr fiel auf, dass einige Flaschen mit der Beschriftung nach hinten standen, dachte aber nicht weiter darüber nach. Beim letzten Zeitpunkt stutzte sie jedoch. Sie hatte ihre Flaschen stets nach dem gleichen Prinzip geordnet, um den Überblick zu behalten, von der niedrigsten zur höchsten Oilex-Konzentration. Bei diesem letzten Zeitpunkt waren zwei Flaschen vertauscht.

Ein ungutes Gefühl beschlich Mia. Entweder sie brauchte wirklich nur mehr Schlaf und hatte gestern reichlich unsauber gearbeitet, oder jemand hatte die Flaschen aus dem Karton genommen und schlampig wieder einsortiert. Nicht nur übermüdet, sondern jetzt auch noch paranoid?, dachte Mia und stellte kopfschüttelnd die Flaschen wieder in den Karton. Wieso sollte jemand versuchen, ihr Experiment zu manipulieren? Die Antwort konnte sie sich natürlich selbst geben – die Euroil-Mitarbeiter hatten ein ausgesprochenes Interesse daran, dass sie ihre Ergebnisse nicht bestätigen konnte. Was, wenn Per das Teströhrchen am Vortag lediglich mit Wasser gefüllt hatte? Schließlich war Oilex genauso durchsichtig und viskos wie Wasser. Da sie die Flaschen unter dem Abzug befüllt hatte, hatte sie auch nicht riechen können, ob es sich wirklich um Oilex gehandelt hatte. Doch sie konnte sich beim besten Willen nicht vorstellen, dass ausgerechnet Per sie hintergehen würde. Nicht nur war er der Einzige, der ihr weniger feindlich gegenüberstand, auch konnte er wenig Interesse an manipulierten Ergebnissen haben. Seine Karriere würde sich nie wieder davon erholen, wenn er daran beteiligt wäre, ein umweltschädliches Mittel einzuführen. Aber was, wenn Per gar nichts davon wusste und Åke oder einer der anderen Mitarbeiter die Chemikalie in ihren eigenen Flaschen gegen harmloses Leitungswasser ausgetauscht hatte?

Mia war sich durchaus des Umstands bewusst, dass Sinje nur verständnislos den Kopf schütteln würde, wenn sie ihr von ihrem Verdacht erzählte. Unschlüssig stand sie vor den Flaschen und wusste nicht recht, ob sie mit der Probennahme fortfahren sollte oder nicht. Sie war sich fast sicher, dass irgendetwas mit dieser Inkubation nicht stimmte. Schwankungen gab es in biologischen Experimenten natürlich immer, aber solch eine Hundertachtzig-Grad-Wendung? Andererseits konnte sie einen eigenen Fehler nicht ausschließen. Zudem war sie Wissenschaftlerin und musste alle Ergebnisse mit einbeziehen, nicht nur diejenigen, die ihrer Theorie entsprachen. Oder konnte es sein, dass sie alles richtig gemacht hatte und der Krill in dieser Region einfach anders reagierte? Mia hob die Probenflaschen energisch vom Boden auf und trug sie zurück in ihr Labor. Sie holte das Formaldehyd aus dem Kühlschrank, um mit der Probennahme zu beginnen. Niemand sollte ihr vorwerfen können, sich die Ergebnisse, die ihr am besten in den Kram passten, auszusuchen. Als sie die Kühlschranktür öffnete, fiel ihr Blick auf die Probenflasche, von der sie am Vortag etwas verschüttet hatte. Anhand der Beschriftung konnte sie erkennen, dass die Flasche eine mittlere Konzentration von Oilex enthalten sollte. Sie konnte kaum Krill in der Flasche sehen, obwohl sie die Flasche fast mit allen fünfundzwanzig Individuen befüllt hatte, bevor ihr der Inhalt übergeschwappt war. Sie nahm die Flasche aus der Kühlschranktür, sodass sie nun auch einen Blick auf den Flaschenboden werfen konnte.

Mia brauchte einen Augenblick, um die volle Bedeutung des Anblicks zu begreifen, der sich ihr bot. Fast alle Individuen lagen bewegungslos am Boden der Flasche. Wie zuvor in den ersten drei Durchläufen des Experiments. Also hatte sie keinen Fehler beim Befüllen gemacht, und Per hatte ihr auch kein Leitungswasser gegeben. Sie versuchte ruhig durchzuatmen und die Gedanken zu ordnen, die wild durch ihren Kopf rasten.

Diese ungeheure Beobachtung konnte nur bedeuten, dass jemand ihre Flaschen im Kühlraum manipuliert hatte. Verzweifelt suchte sie nach einer anderen Erklärung, nach einem Fehler, der ihr vielleicht doch selbst am Vortag unterlaufen war, aber ihr wollte keine andere Erklärung einfallen. Mia stand eine Weile vor ihrem Labortisch und fühlte sich unglaublich verloren. Sie hatte mehrere Stunden gebraucht, um alle Flaschen ordentlich zu befüllen. Wenn jemand tatsächlich alle umgefüllt hatte, müsste ihn das die halbe Nacht gekostet haben. Aber nicht, wenn mehrere Leute beteiligt gewesen waren, schoss es ihr durch den Kopf. Die naheliegendste Erklärung war, dass die Euroil-Mitarbeiter ihre Flaschen vertauscht hatten. Wenn sie das im Team getan hatten, hätte es sie vielleicht nur etwas mehr als eine Stunde gekostet. Camilla und Erik waren am Abend zuvor noch vor Mia mit ihrer Arbeit fertig geworden, also war das Labor, nachdem sie ins Bett gegangen war, bis zum Morgen völlig unbeobachtet gewesen. Sie spürte Übelkeit in sich aufsteigen, die nichts mit dem schwankenden Schiff zu tun hatte. Wenn jemand so weit gehen würde, ihr Experiment zu manipulieren, würde derjenige dann auch so weit gehen, einen Unfall vorzutäuschen? Was, wenn Henrik gar nicht verunglückt, sondern kaltblütig ermordet worden war? Mia spürte Tränen in ihren Augen aufsteigen, die sie entschieden niederkämpfte. Auch wenn sie noch keinen Plan hatte, sie würde sich auf keinen Fall unterkriegen lassen. Sie atmete ein paar Mal tief durch, um ihre Nerven zu beruhigen, während sie alleine im Labor stand, unschlüssig, wie es weitergehen sollte.

Nach einer Weile erschienen Camilla und Erik zu ihrer Morgenschicht. Mia war zu verwirrt, um ihre Entdeckungen mit den beiden zu besprechen. Sie sah kurz auf die Uhr und schätzte, dass Sinje bereits in ihrem Labor war. Also ging Mia zurück in ihre verlassene Kabine und zog die Tür hinter sich zu. Eine Weile saß sie einfach auf ihrem Stuhl in der Mitte der Kabine, unfähig, einen klaren Gedanken zu fassen. Alles in ihr sträubte sich dagegen, zu akzeptieren, dass jemand mit Absicht ihren Versuch manipuliert hatte und was das vielleicht für Henriks sogenannten Unfall bedeuten könnte. Andererseits waren die Hinweise auf eine Manipulation ihres Versuches nicht von der Hand zu weisen. Mia war sich zu einhundert Prozent sicher, dass sie die verschüttete Flasche im Kühlschrank genauso behandelt hatte wie die anderen, was einen eigenen Fehler oder Unachtsamkeit ausschloss. Ihre Gedanken überschlugen sich. Wenn Henrik tatsächlich nicht durch einen Unfall über Bord gegangen sein sollte, bedeutete dies, dass auch sie in Gefahr war? Warum war sie überhaupt noch hier? Hatte Henrik etwas gesagt oder getan, um einen der Euroil-Mitarbeiter zu provozieren? Oder brauchten sie jemanden, den sie leichter manipulieren konnten, und dachten sich, mit einer Doktorandin hätten sie leichtes Spiel? War es zu auffällig, zwei Menschen über Bord gehen zu lassen? Eine Person alleine konnte durchaus einen Unfall haben, aber gleich zwei? Die auch noch mit derselben Aufgabe betraut waren? Und wer steckte wohl alles mit drin? Mia weigerte sich zu glauben, dass Per ein Teil dieser Verschwörung sein sollte. Sie kannte ihn zwar eigentlich nicht gut, aber sie konnte sich einfach nicht vorstellen, dass er zu so etwas fähig wäre. Selbst wenn ihre Menschenkenntnis nicht die allerbeste sein mochte, aber es ging hier womöglich um Mord, und für eine Chemikalie würde Per wohl sicherlich nicht morden.

Nach einer Weile musste Mia sich eingestehen, dass sich ihre Gedanken im Kreis drehten. Sie hatte kaum Anhaltspunkte, um den oder die Schuldigen zu identifizieren. Ihr war jedoch klar, dass sie mit jemandem über ihren Verdacht reden musste. Sollten wirklich alle vier Euroil-Mitarbeiter in die Manipulation verwickelt sein, brauchte auch sie Verbündete. Ihr erster Impuls war, Sinje von ihrem Verdacht zu erzählen. Obwohl sie mit Abstand diejenige war, der sie auf dem Schiff am meisten vertraute, war ihr allerdings auch klar, dass Sinje ihr keine große Hilfe sein würde. Schließlich war sie selbst nur eine Wissenschaftlerin, noch dazu eine Doktorandin wie Mia, am falschen Ende der Karriereleiter. Wer würde ihnen beiden schon glauben?

Mia konnte zu Antje gehen, immerhin war die Fahrtleiterin auch beim letzten Gespräch auf ihrer Seite gewesen. Aber auch wenn Antje sich wesentlich mehr Gehör verschaffen konnte als Sinje oder Mia, gehörte sie doch zu den Wissenschaftlern.

Schließlich griff Mia zum Hörer und rief Anne in ihrem Büro an. Immerhin war sie eine der norwegischen

Beobachter, die die Lage neutral beurteilen sollten. Wenn Mia Anne auf ihrer Seite hätte, dann könnten die Euroil-Mitarbeiter wenig tun, dann hatte sie nämlich die norwegische Regierung auf ihrer Seite.

Anne schien zunächst nicht begeistert davon, in Mias Kabine zu kommen, ließ sich dann aber von ihrem dringlichen Ton überreden. Ein paar bange Minuten des Wartens folgten, in denen Mia versuchte, die Indizien für ihren Verdacht so zu ordnen, dass sie nicht komplett paranoid klang. Als Anne schließlich in der Kabine stand, brachte Mia den Vorfall aus ihrer Sicht einigermaßen ruhig vor. Sie konnte ihren Redefluss kaum stoppen, als sie erst einmal angefangen hatte. Dabei beobachtete sie unentwegt Annes Reaktion, und da sie zunächst eher skeptisch ausgesehen hatte, versuchte Mia nun, ihr jeden Hinweis einzeln aufzuführen. Ihren Verdacht bezüglich Henriks Verschwinden verschwieg Mia allerdings noch. Als sie mit ihrer Geschichte durch war, schaute sie Anne erwartungsvoll an. »Und, was denkst du?«

Anne ließ sich einige Momente Zeit mit ihrer Antwort. »Das ist eine gute Frage … Und du bist dir sicher, dass nichts anderes mit der Flasche im Kühlschrank passiert sein könnte? Immerhin zeigen alle anderen Flaschen ja eindeutige Ergebnisse.«

»Ich bin mir absolut sicher. Es ergibt doch alles einen Sinn. Die haben alle Flaschen im Karton ausgetauscht, es ist ja auch kein Geheimnis, wo ich meine Inkubationen lagere. Nur von dieser einen Flasche im Kühlschrank konnten sie nichts wissen. Ich selbst wollte sie eigentlich gar nicht mehr benutzen. Ich war nur zu faul, sie noch am selben Abend zu entsorgen.«

»Also hat sie lediglich eine vergessene Flasche verraten«, murmelte Anne mehr zu sich selbst als zu Mia.

»Also glaubst du mir?«

»Ich denke, die Hinweise lassen sich tatsächlich nicht von der Hand weisen. Ich bin aber noch nicht komplett überzeugt, vielleicht gibt es auch eine andere Erklärung, auf die wir im Moment nur nicht kommen.«

»Und was machen wir jetzt?«, fragte Mia.

Anne ließ sich wieder Zeit mit ihrer Antwort. So viel Zeit, dass Mia es nicht mehr auf ihrem Stuhl aushielt und anfing, in ihrer winzigen Kabine im Kreis zu laufen.

»Kannst du deinen Versuch heute noch einmal ansetzen?«

Mia sah sie überrascht an. Zweifelte Anne jetzt doch an ihren Ergebnissen?

»Natürlich ohne dass die Euroil-Leute das mitbekommen. Damit du quasi einen sauberen vierten Versuch hast«, erklärte Anne.

»Meinst du nicht, die von Euroil werden zwischendrin im Kühlraum nach den Flaschen sehen? Was, wenn die sehen, dass der Krill darin nicht wie erwartet lebendig ist?«

»Gibt es nicht noch einen anderen Kühlraum?«, fragte Anne.

»Es gibt noch den großen. Aber der ist eigentlich nicht dafür geeignet, da hat die Besatzung unter anderem ihr Bier drin gelagert. Das ist kaum steril.«

»Okay, aber unter den Umständen ist das vielleicht die beste Option?«

»Im großen Kühlraum könnten die anderen aber auch zufällig über die Flaschen stolpern.« Und dann wissen sie, dass ich von ihrer Manipulation weiß und ihnen gefährlich werden könnte, fügte Mia in Gedanken hinzu.

»Okay, was würdest du vorschlagen?«

»Was wäre, wenn ich den alten Ansatz so, wie er ist, stehen lasse und daneben in einer abgeschlossenen Zargesbox meinen neuen Versuch starte?«

»In einer abgeschlossenen Box? Das sieht aber schon verdächtig aus. Ich bin zwar keine Wissenschaftlerin, aber ich bin hier noch nicht ein einziges Mal über eine abgeschlossene Box gestolpert.«

Mia musste ihr recht geben. Da alle auf einem Schiff dasselbe Ziel verfolgten – gute wissenschaftliche Ergebnisse zu liefern –, war es normalerweise nicht nötig, Türen oder Schränke abzuschließen. Selbst ihre Kabinentür schlossen Mia und Sinje eigentlich nie ab. Lediglich solange sie im Hafen lagen, hatte der Kapitän ihnen geraten, die Türen abzuschließen.

»Okay, also verschließe ich die Zargesbox nicht. Ich könnte sie ja unauffällig in eine Ecke unter den Tisch schieben. Wenn ich sie nicht beschrifte, wer sollte dann darauf kommen, dass das meine Proben sind? Die Euroil-Leute haben ja bis jetzt auch keinen Anlass zu glauben, dass ich die Manipulation bemerkt habe. Warum also sollten sie groß auf die Proben der anderen achten?« Der Kühlraum sah tatsächlich ziemlich chaotisch aus, und selbst Mia brauchte teilweise einen Moment, bis sie ihre Proben gefunden hatte. In diesem Chaos würde eine weitere Box ohne Beschriftung nicht auffallen, schon gar nicht, wenn niemand aktiv danach suchte.

»Gut, mach das doch so. Hast du genug Material für einen zweiten parallelen Ansatz?«

»Ich denke schon«, antwortete Mia.

»Gut, das klingt nach einem Plan. Und erzähl besser erst einmal niemandem von deinem Manipulationsverdacht, damit die vier nichts von deinen Zweifeln mitbekommen.«

Mia nickte dankbar für Annes Unterstützung.

Den Rest des Tages war sie damit beschäftigt, die vierte Versuchsreihe erneut vorzubereiten. Damit niemandem auffiel, dass Mia sich außer der Reihe Wasserproben aus der CTD holte, bat sie Erik, ihr Wasser abzufüllen, und drückte Fred unauffällig das Netz in die Hand. »Ich möchte einen Nebenversuch starten, aber möglichst ohne viel Aufhebens«, erklärte sie ihnen knapp. Beide gaben sich damit zufrieden und brachten ihr Proben zurück. Abends war Mia wieder die Einzige im Labor. Dieses Mal hatte sie die Tür zum Flur geschlossen und hörte keine Musik, damit sie sichergehen konnte, nicht unbemerkt beobachtet zu werden. Durch die ungewohnte Stille drang lediglich das stetige Brummen des Motors und gelegentlich das Geräusch der Wellen, die von außen gegen die Bordwand schlugen.

Als Mia endlich alle Flaschen befüllt hatte und ihre Proben sicher in der Aluminiumbox verstauen wollte, fiel ihr auf, dass die Box selbst für die reduzierte Anzahl an Flaschen zu klein war. Sie hätte eine der größeren Kisten, die sie unter den Labortischen für zusätzlichen Stauraum gelagert hatte, ausräumen können. Aber die größere Kiste wäre wohl kaum als unauffälliges Versteck im Kühlraum geeignet, das Mia brauchte. Würden die Euroil-Mitarbeiter sie tatsächlich entdecken und bemerken, dass sie von dem Manipulationsversuch wusste, dann würden sie höchstwahrscheinlich nicht nur den Kühlraum, sondern das gesamte Labor auseinandernehmen. Aber der große Kühlraum wurde einfach von zu vielen Leuten genutzt. Wo sollte sie hin mit ihren zusätzlichen Flaschen? Kurz war sie versucht, die übrig gebliebenen Flaschen doch einfach in den Kühlschrank im Labor zu stellen.

Dann fiel Mia wieder ein, wie Sinje sich mehrfach beschwert hatte, dass sie so alleine über der Brücke in ihrem Labor war und wie isoliert sie sich manchmal fühlte. Mia war sich ziemlich sicher, dass sie bei einem ihrer Besuche in Sinjes Labor einen Kühlschrank gesehen hatte. Selbst wenn jemand ihr Labor auseinandernahm, würde derjenige wohl kaum darauf kommen, dass auch in Sinjes Labor etwas zu finden sein könnte. Zumal niemand ungesehen an den Offizieren und dem Kapitän auf der Brücke vorbeikam. Also legte Mia die verbliebenen Flaschen vorsichtig mit Papiertüchern umwickelt in eine Tragetasche und machte sich auf den Weg zu Sinje.

»Hey, kommst du mich auch mal wieder besuchen?«, fragte Sinje erfreut. Sie hatte die gesamte Backbordseite des Labors in einen riesigen Schreibtisch verwandelt, auf dem sie mehrere Ausdrucke verteilt hatte.

»Ja, dieses Mal allerdings nicht ganz uneigennützig«, gab Mia zu. »Hast du noch ein wenig Platz in deinem Kühlschrank für einige von meinen Flaschen? Die enthalten zwar Oilex, sind aber luft- und wasserdicht abgeschlossen«, versicherte sie.

»Na klar, da drin liegt momentan sowieso nur mein Bier«, meinte Sinje.

»Super, vielen Dank. Bei uns quillt der Kühlschrank schon mit Proben über, und ich habe nicht genug Füllmaterial, um eine große Alukiste in den großen Kühlraum zu stellen.« Mia wusste selbst nicht genau, warum sie Sinje nicht die Wahrheit erzählte. Sie vertraute ihr eigentlich. Kurz zögerte Mia, ob sie ihrer Freundin nicht doch die ganze Geschichte erzählen sollte, entschied sich dann aber dagegen. Sie hatte keine Lust mehr, über ihren Verdacht zu sprechen. Nicht jetzt, nachdem sie den ganzen Tag im Labor verbracht hatte.

Mia räumte die Bierdosen sorgfältig in das oberste Fach des Kühlschranks und legte ihre Probenflaschen in das unterste. Sollten ihre Flaschen wider Erwarten doch auslaufen, würden sie wenigstens nicht auf die Bierdosen tropfen.

»Bist du für heute fertig?«, wollte Sinje wissen, als Mia die Kühlschranktür geschlossen hatte.

Sie nickte. »Heute gehe ich mal ein wenig eher ins Bett.«

»Hast du Lust, vorher noch ein Bier zu trinken? Ich muss zwar noch ein wenig arbeiten, könnte aber eine Pause gut gebrauchen«, meinte Sinje.

Eigentlich war Mia nicht nach quatschen. Andererseits konnte sie ein wenig Ablenkung gut vertragen, und bis zum nächsten Morgen gab es nichts, was sie noch tun konnte, außer abzuwarten. Also holte sie zwei Dosen Bier aus dem Kühlschrank und setzte sich zu Sinje an ihren provisorischen Schreibtisch. Sie machten das Licht aus und hatten einen wunderbaren Blick auf die Eisberge, die der Kapitän in einem beruhigend großen Bogen umfuhr. Die Sonne berührte fast den Horizont, ganz dahinter verschwinden würde sie nicht mehr.

Die beiden jungen Frauen sahen nichts als einen wolkenfreien Himmel, das Eis und das Wasser, das sie umgab. Am Horizont, in einiger Entfernung zur »Kronprins Haakon«, stieg Wasserdampf vom Eis auf. Einer der Matrosen hatte Mia erklärt, dass in sogenannten Polynien, Wasserläufen im Eis, relativ warmes Tiefenwasser an die Oberfläche stieg und evaporierte. Dadurch entstand der Wasserdampf.

Seit Tagen hatten sie kein anderes Schiff mehr gesehen. Nur Eis. Mia wurde sich der scheinbar unendlichen Ausdehnung der Ozeane bewusst. Sie waren so isoliert und abgeschnitten vom Rest der Welt, wie Mia es noch nie zuvor erlebt hatte. Ihr Leben in Bergen mit Lars schien viel weiter als fünfzehntausend Kilometer entfernt zu sein.

Sinje schaffte es schnell, Mia auf andere Gedanken zu bringen. Sie stellten fest, dass sie beide große Fans von *Herr der Ringe* und *Matrix* waren. Sinje erzählte, wie sie damals beim dritten *Herr der Ringe*-Film noch nicht ganz sechzehn gewesen war, den Film aber trotzdem unbedingt mit ihren Freundinnen im Kino hatte sehen wollen. An der Kasse hatten sie ihren Mathelehrer mit seiner Frau getroffen, der sich als ihr Vater ausgegeben hatte, damit sie an die Karten kamen. »Und ich bin ihm heute noch dafür dankbar«, schloss Sinje ihre Geschichte mit einem Grinsen.

Dank ihres Gesprächs mit Sinje ging Mia an diesem Tag tatsächlich fast entspannt ins Bett. Eigentlich hatte sie Lars noch eine E-Mail über die neuesten Ereignisse schreiben wollen. Dann entschied sie jedoch, dass es besser war, die ganze Geschichte so kurz vor dem Einschlafen nicht noch einmal aufzuwärmen. Außerdem würde sie morgen eher wissen, ob an ihrem Verdacht auch etwas dran war.

11

Am nächsten Morgen holte Mia, um nicht ständig hin- und herlaufen zu müssen, erst die Proben aus Sinjes Labor. Als sie die Kühlschranktür öffnete, sah sie sofort, dass der Großteil des Krills verendet war. Lediglich die Tierchen in ihrer Kontrolle, die nur mit Seewasser und Nährstoffen angesetzt worden war, schwammen noch munter in der Flasche. Mia wusste nicht recht, ob sie darüber erleichtert oder beunruhigt sein sollte. Als sie jedoch den kleinen Kühlraum neben ihrem Labor betrat und einen Blick in die Zargesbox warf, gewann die Angst endgültig die Oberhand. Ohne die Flaschen aus der Box nehmen zu müssen, sah Mia, dass der Krill in allen Flaschen sehr lebendig war und im Seewasser schwamm.

Sie konnte nicht verstehen, wie die Euroil-Mitarbeiter von ihrem zusätzlichen Versuchsansatz erfahren hatten. Hatte Anne sich verquatscht? Andererseits waren sie vielleicht einfach über die neue Box im Kühlraum gestolpert, als sie ihren alten Ansatz hatten überprüfen wollen? Die Beschriftung der Flaschen war die gleiche, selbst für einen Laien wäre es bei einem Blick in die Box nicht allzu schwer zu erkennen gewesen, was Mia hier angesetzt hatte. Mit zitternden Händen schloss Mia die Zargesbox wieder und stellte die Inkubationsflaschen aus Sinjes Labor in ihren eigenen Kühlschrank. In ihrem Kopf drehte sich mit einem Mal alles, und Mia musste sich an der Kühlschranktür festhalten. Sie lehnte ihre

Stirn gegen eine der kalten Flaschen und versuchte, ihre Panik niederzukämpfen.

»Guten Morgen«, riss Erik sie aus ihren Gedanken. Sie hatte ihn gar nicht hereinkommen gehört.

»Morgen«, murmelte Mia abwesend. So langsam wurde ihr Kopf wieder klarer, aber sie wagte es noch nicht, ihn zu heben.

»Alles in Ordnung?« Erik legte ihr eine Hand auf die Schulter. Die Berührung ließ Mia erschrocken herumfahren. Für einen Augenblick wollte sie Erik von sich stoßen, dann holte sein besorgtes Gesicht sie wieder in die Realität zurück. Er war ihr Kollege, nicht ihr Feind.

»Ja, ja, alles gut. Ich habe, glaube ich, nur einige Flaschen nicht richtig angesetzt gestern«, log Mia.

»Kann ich verstehen. Du hast ja auch die letzten Tage praktisch im Labor gewohnt, seit Henrik ...« Camilla und Erik hatten es in den letzten Tagen stets vermieden, Henriks Verschwinden anzusprechen.

»Schon okay«, meinte Mia und schloss die Kühlschranktür.

»Können wir dir bei irgendetwas helfen? Die nächste CTD kommt erst in drei Stunden, ich habe also noch reichlich Zeit vorher.«

»Danke, aber ich glaube nicht. Ich habe wohl in einigen Flaschen Oilex vergessen oder Nährstoffe oder so«, wich Mia aus.

»Na, zumindest bei den Nährstoffen könnte ich dir helfen.« Mia verstand nicht gleich, was er meinte. »Wenn du mir ein paar Proben von deinen Flaschen abfüllst, kann ich dir sagen, ob du die Nährstoffe vergessen hast oder nicht. Wir haben das Gerät zwar noch nicht kalibriert, aber du brauchst ja sowieso keine exakten Werte, oder?«

Mia wollte schon ablehnen, dachte dann allerdings noch einmal über Eriks Vorschlag nach. Selbst wenn alle vier Euroil-Mitarbeiter mitgeholfen hatten, den Krill und das Wasser in ihren Proben auszutauschen, hatten sie sich wohl kaum die Mühe gemacht, die Nährstoffkonzentrationen zu replizieren. Zumal die Konzentrationen nicht auf ihren Flaschen oder sonst irgendwo im Labor oder Kühlraum vermerkt waren. Sie hatte ja auch nie vorgehabt, die Nährstoffkonzentration zu messen, sondern wollte sich lediglich darauf verlassen, dass sie genau genug pipettiert hatte. Erik könnte ihr einen weiteren Hinweis darauf liefern, ob die Flaschen manipuliert worden waren oder ob sie langsam anfing, unter Verfolgungswahn zu leiden. Also stimmte Mia zu. Sie füllte Proben aus sechs Flaschen von ihrem gestrigen Versuchsansatz ab. Drei Proben nahm sie von Flaschen aus der Zargesbox und drei Proben von den Flaschen, die die Nacht über in Sinjes Kühlschrank gestanden hatten.

Erik brauchte nicht lange für die Bestimmung der Nährstoffkonzentrationen. Mia half ihm, die Proben in kleine Reagenzgläser zu füllen, die sie anschließend in den Autoanalyzer stellten. Das klobige Gerät erledigte den Rest der Arbeit und gab ihnen nach wenigen Minuten das Ergebnis aus.

Obwohl Mia von vornherein wusste, dass ihre Versuche manipuliert worden sein mussten, hatte sich ein kleiner Teil von ihr noch an die Hoffnung geklammert, es könnte eine andere Erklärung geben. Als sie jedoch die Ergebnisse schwarz auf weiß vor sich hatte, starb auch dieses letzte bisschen Hoffnung. Zwar konnte Erik ihr zu diesem Zeitpunkt nur relative Werte geben, dennoch war es eindeutig, dass in den drei Proben aus Sinjes

Kühlschrank ungefähr viermal so viel Nährstoffe waren wie in den Proben aus der Zargesbox im Kühlraum. Sie wusste genau, dass sie alle Proben gleich behandelt hatte, weil sie gar keine unterschiedlichen Konzentrationen vorbereitet hatte.

Mia war erstaunt darüber, wie ruhig sie Erik dankte und ihm erklärte, dass sie sich wohl doch lieber noch ein wenig hinlegen würde. Sie musste dringend über die neuesten Entwicklungen nachdenken, bevor ihr die Angst endgültig die Kehle zuschnürte, dafür musste sie alleine sein. Mia konzentrierte sich ganz darauf, möglichst normal zurück zu ihrer Kabine zu gehen und nicht etwa zu rennen. Es kostete sie ihre ganze Überwindungskraft.

Sie starrte so konzentriert auf ihre Füße, dass sie Per nicht sah, der aus dem Treppenhaus in den Korridor einbog und mit ihr zusammenprallte.

»Hoppla. Wenn ich es nicht besser wüsste, würde ich sagen, du lauerst mir hinter den Ecken auf«, lachte er, als er Mia erkannte, die er auf Armeslänge vor sich an den Schultern hielt.

Mia zwang sich zu einem unverbindlichen Lächeln.

»Na, wie läuft es mit deinem neuesten Ansatz?«, fragte er.

Mia lief ein eiskalter Schauer über den Rücken. Pers Griff um ihre Schultern fühlte sich auf einmal viel zu fest an. Sie versuchte, die Panik zu unterdrücken und eine lockere Antwort zu formulieren. Doch ihr gesamter Körper schrie nach einer Flucht.

»Ganz gut«, brachte sie schließlich hervor und entwand sich eilig seinen Händen, bevor sie ihn ohne ein weiteres Wort zurückließ und so schnell wie möglich den Weg zu ihrer Kabine zurücklegte. Auf dem Flur meinte sie, plötzlich Schritte hinter sich zu hören. Das Blut rauschte in ihren Ohren, während die Schritte immer lauter zu werden schienen. Ohne sich darum zu scheren, wie sie auf einen Außenstehenden wirken musste, sprintete sie die letzten Meter bis zu ihrer Kabine, riss die Tür auf, knallte sie wieder zu und drehte den Schlüssel um. Mit zitternden Händen stand sie in der Dunkelheit hinter der Tür und horchte auf weitere Schritte.

Plötzlich ging das Licht in ihrer Kabine an. Mia schrie auf.

»Was ist denn hier los?« Sinjes verschlafenes Gesicht kam hinter dem Vorhang ihres Bettes zum Vorschein.

Mia war so erleichtert, dass sie ihre Emotionen nicht mehr unter Kontrolle hatte. Während sie mit dem Rücken an der Tür auf den Boden sank, strömten ihr Tränen über die Wangen. Ob es Tränen der Erleichterung oder Panik waren, hätte Mia selbst nicht sagen können. Wahrscheinlich eine Mischung aus beiden.

Mias Reaktion schien Sinje aufgeweckt zu haben. Sie schwang die Beine über die Bettkante und war mit wenigen Schritten bei ihr. »Was ist denn los?«, fragte sie besorgt.

Mia brauchte eine Weile, bis sie sich so weit gefasst hatte, dass sie ein Wort hervorbrachte. Sobald sie allerdings angefangen hatte, von dem ersten manipulierten Versuch zu erzählen, sprudelten die Worte nur so aus ihr heraus. Sie berichtete Sinje auch von dem gestrigen Versuch, gestand ihr den wahren Grund, aus dem sie einige Probenflaschen in Sinjes Labor deponiert hatte, und erzählte schließlich von ihrem Verdacht, dass Henriks Unfall womöglich gar kein Unfall war. Dann fiel ihr der

Ausdruck der Nährstoffkonzentrationen ein, den sie immer noch in ihren Händen hielt, und berichtete Sinje schließlich noch von Eriks Messungen. Sinje hielt sie dabei im Arm und hörte sich alles kommentarlos an. Nachdem Mia mit ihren Schilderungen geendet hatte, schwiegen beide für eine Weile.

»Tut mir leid, ich glaube, ich bin gerade ein wenig überfordert«, gab Sinje zu.

»Ich auch.« Wider Willen musste Mia lachen, so erleichtert fühlte sie sich plötzlich, und erneut liefen ihr Tränen übers Gesicht. Wieder saßen sie eine Weile schweigend da.

»Die Beweise sind natürlich ziemlich eindeutig, was die Manipulation deiner Versuche angeht«, setzte Sinje an.

»Aber?«

»Das mit Henriks Unfall? Ich weiß nicht so recht. Es ist schließlich ein riesiger Unterschied, ob jemand einfach ein paar Flaschen austauscht oder einen Menschen tötet. Meinst du nicht, Henriks Unfall könnte einfach ein ganz unglücklicher Zufall sein?«

»Du glaubst mir also nicht«, stellte Mia enttäuscht fest.

»Bist du denn wirklich vollkommen davon überzeugt, dass Henrik ermordet wurde?«, wollte Sinje wissen.

Mia zuckte mit den Achseln. »Ich weiß nicht mehr, was ich denken soll. Ich war mir so sicher, dass Per auf keinen Fall etwas mit der Manipulation zu tun hat, und dann renne ich ihm ausgerechnet im Flur vor meinem Labor in die Arme. Das kann doch alles kein Zufall sein.«

»Aber Mord?«

Wieder zuckte Mia mit den Achseln.

»Vielleicht sollten wir uns erst einmal auf die manipulierten Experimente konzentrieren«, schlug Sinje vor. »Ich sage ja gar nicht, dass ich dir nicht glaube, aber alles andere scheint mir eine Nummer zu groß. Darum sollte sich die Polizei kümmern.«

Mia konnte Sinje ihre Zweifel kaum übel nehmen. Sie selbst hätte an ihrer Stelle wahrscheinlich auch so reagiert.

»Aber du bist mit der ganzen Sache nicht allein, ich werde dir helfen, wo ich kann«, versprach Sinje. »Und wenn du dich nicht mehr wohlfühlst damit, alleine übers Schiff zu laufen, dann folge ich dir wie ein Schatten.« Sie drückte Mia fester an sich. »Kabinennachbarn müssen doch zusammenhalten.«

Zum ersten Mal an diesem Morgen fühlte Mia sich, als ob sie wieder festen Boden unter den Füßen hätte. »Vielen Dank, Sinje, du weißt gar nicht, wie gut es tut, mit dir darüber zu reden. Ich weiß echt nicht, warum ich dir nicht gestern Abend schon alles erzählt habe.«

»Kein Problem«, winkte Sinje ab. »Pass auf, ich spring schnell unter die Dusche, und dann schauen wir uns die Flaschen noch einmal zusammen ganz genau an. Vielleicht kann man ja irgendwie von außen erkennen, dass sie manipuliert wurden? Und ich denke, dann sollten wir ein Treffen mit Antje und dem Kapitän arrangieren. Je mehr Leute darüber Bescheid wissen, desto mehr Unterstützung hast du und desto sicherer bist du, sollte doch etwas an deiner Theorie zu Henriks Unfall dran sein.«

Sinje erhob sich und verschwand im Bad. Mia blieb einfach an der Tür sitzen und lauschte dem fließenden Wasser. Auch wenn sie immer noch Angst hatte, fühlte sie sich bereits wesentlich besser, jetzt, da sie Sinje an ihrer Seite wusste. Sie hätte ihr wirklich schon am Vortag alles erzählen sollen.

Mia erhob sich erst wieder, als Sinje fertig angezogen und bereit war, zu gehen. Sinje griff noch schnell nach ihren Ohrringen, die auf ihrem Schreibtisch lagen, dabei fiel ihr jedoch einer auf den Boden und rollte unter den Tisch. »Ach, verdammt«, fluchte sie und ging auf die Knie, um nach dem kleinen Metallding zu suchen. Mia sah ihr ungeduldig zu. Als ob diese Ohrringe jetzt wirklich so wichtig sein konnten.

»Hab ihn«, hörte sie Sinje Sekunden später unter dem Tisch. Dann hielt sie abermals inne.

Mia konnte sich ein genervtes Augenrollen nicht verkneifen.

»Das ist ja merkwürdig«, meinte Sinje.

»Was denn?«, fragte Mia mehr aus Höflichkeit als aus echtem Interesse.

Sinje gab keine Antwort, während sie an der Unterseite der Tischplatte herumnestelte. Schließlich kam sie wieder hervor und hielt Mia wortlos eine kleine schwarze Box unter die Nase. Die Box hatte ungefähr die Größe einer Streichholzschachtel; ein grünes Android-Männchen prangte auf der Vorderseite. In der rechten unteren Ecke stand »Mini A8«. Mia zuckte ungeduldig mit den Schultern. »Was ist das?«

Sinje schüttelte nur den Kopf und legte die Box auf den Schreibtisch. Wortlos machte sie die Tür auf und bedeutete Mia, ihr zu folgen. Mias Frustration steigerte sich nur noch mehr durch Sinjes merkwürdiges Verhalten. Als Sinje dann direkt an ihrem Labor vorbei aufs Außendeck ging, kostete es Mia alle Mühe, nicht aus der Haut zu fahren.

»Weißt du, was ich dir da eben gezeigt habe?«, fragte Sinje, als sie an der Reling standen und der eisige Wind an ihren dünnen Pullovern zerrte.

»Nein. Aber sollten wir uns jetzt nicht um die Probenflaschen kümmern?«

»Das hier ist wichtiger. Das war eine Wanze.«

»Eine *Wanze*?« Ungläubig starrte Mia sie an. »Zum Abhören?«, fügte sie unnötigerweise hinzu.

Sinje nickte.

»Wieso bist du dir da so sicher? Das könnte doch auch ein WLAN-Verstärker oder etwas in der Art sein.«

»Ich bin mir nicht hundertprozentig sicher, wir müssen gleich im Internet nach der Typbezeichnung schauen, aber ich habe mal einen Bericht über zivile Spionage gesehen, und die Dinger sahen genauso wie die Box unter dem Schreibtisch aus.«

»Du meinst also, wir werden abgehört?«

»Es geht wohl viel eher darum, dich abzuhören«, gab Sinje zurück.

Mia schlang schützend die Arme um ihren Körper. Sinje hatte recht. Wenn jemand so weit ging, ihr Experiment zu manipulieren, warum sollten sie dann nicht auch ihre Kabine abhören?

»In Ordnung, ich gehe jetzt in mein Labor und schaue nach der Typbezeichnung, um wirklich sicherzugehen. Geh du doch mal zu Camilla und Erik in die Kabine und schau bei denen unter den Tisch, um zu sehen, ob sie auch so eine Box haben«, schlug Sinje vor, da Mia immer noch wie erstarrt dastand.

»Ich kann doch nicht einfach bei denen herumschnüffeln«, protestierte Mia. »Außerdem, was soll das denn bringen?«

»Na, dann wissen wir wenigstens, ob generell alle Wissenschaftler ausspioniert wurden oder ob du speziell das Ziel warst. Die beiden sind im Moment sowieso im Labor, die merken gar nicht, wenn du kurz in ihre Kabine gehst. Und falls sie doch da sind, fragst du einfach, ob du mal einen Blick werfen kannst, weil wir eine Leiste abgerissen haben und nicht wissen, wo wir die wieder ankleben sollen oder so. Dir wird schon was einfallen.«

Mia war sich nicht sicher, ob das eine plausible Erklärung war. Allerdings würde sie es selbst auch nicht infrage stellen, wenn Camilla einen Blick unter ihren Tisch werfen wollte. Also machte sie sich auf den Weg zu Eriks Kabine. Es war tatsächlich niemand da, sodass sie die Tischplatte gründlich von unten absuchen konnte, es ließ sich aber nichts Ungewöhnliches entdecken. Um sicherzugehen, suchte sie auch Camillas Kabine ab, die auf demselben Deck ein wenig weiter Richtung Heck lag. Auch dort konnte Mia keine kleine schwarze Box finden.

Sinje saß konzentriert vor ihren Monitor gebeugt, als Mia ihr Labor betrat. »Und, hast du was gefunden?«, fragte Sinje.

»Nichts, und bei dir?«

»Es scheint tatsächlich eine Wanze zu sein. Ich versuche gerade, mehr über das Modell herauszubekommen, aber anscheinend ist die Wanze problemlos im Internet zu bekommen.«

»Vielleicht sollte ich meinen Computer auch holen, dann können wir schneller recherchieren?«, schlug Mia vor.

»Nein, den solltest du vorerst besser nicht benutzen. Wenn schon unsere Kabine verwanzt ist, wer sagt dann, dass nicht auch deine Computeraktivitäten überwacht werden?«, gab Sinje zu bedenken.

Mia musste ihr zerknirscht recht geben, natürlich wollte sie kein Risiko eingehen. Die ganze Angelegenheit überforderte sie immer mehr. Also setzte sie sich neben Sinje, und gemeinsam durchforsteten sie das Internet nach Informationen über die Wanze.

»Alle paar Tage müssen die Batterien gewechselt werden. Das würde ja bedeuten, dass jemand regelmäßig in unserer Kabine war«, stellte Sinje fest.

»Für mich war es völlig unproblematisch, unbeobachtet in Eriks und Camillas Kabine zu gelangen. Wenn ich gewollt hätte, hätte ich sie verwanzen können, ohne bemerkt zu werden«, gab Mia zu bedenken.

»Das klingt doch interessant«, murmelte Sinje, als sie einen Artikel über verschiedene Abhörgeräte gefunden hatten. Dort wurde erklärt, wie man mit im Internet frei erhältlicher Software Wanzen detektieren konnte. »Wir könnten kontrollieren, ob noch mehr von den Dingern in unserer Kabine oder in deinem Labor sind. Dazu brauchen wir lediglich eine RTL-SDR-Antenne.«

»Ja, prima, aber wo zum Teufel sollen wir mitten in der Antarktis so eine Antenne auftreiben?«, fragte Mia. Sie wusste nicht einmal, um was es sich dabei eigentlich genau handelte.

Sinje grinste zufrieden. »Hast du ein Glück, dass wir uns die Kabine teilen.« Auf Mias verständnislosen Blick hin fuhr sie fort: »Das sind dieselben Antennen, die ich nutze, um die Daten von meinen Wetterballons zu empfangen. Ich habe mehrere RTL-SDR-Antennen dabei.«

Mia konnte fast nicht glauben, was sie da hörte, mit Sinje kam wieder Bewegung in die ganze Geschichte. Und Mia fühlte sich mit einem Mal nicht mehr ganz so ausgeliefert.

»Laut diesem Artikel hier könnte man eventuell sogar den Standort des Empfängers bestimmen«, erklärte Sinje hoffnungsvoll.

»Aber wie genau funktioniert das? Hier sind so viele Menschen auf engstem Raum zusammen, das Gerät wird uns wohl kaum die Kabine verraten, oder?«

»Wahrscheinlich nicht«, gab Sinje zu. »Wir konzentrieren uns erst mal darauf, die übrigen Wanzen zu finden.«

Weder Sinje noch Mia hatten Zweifel daran, dass, wer immer sie abhörte, sich nicht nur mit einer Wanze begnügt hatte. Während Sinje ihre Antenne zusammenbaute, kümmerte Mia sich darum, das frei erhältliche Detektionsprogramm auf Sinjes Laptop herunterzuladen und zu installieren, was bei der langsamen Internetverbindung gar nicht so einfach war. Per USB verbanden sie die Antenne mit dem Computer. Mia betrachtete skeptisch die etwa zehn Zentimeter große Antenne, die vom USB-Port des Laptops hing. »Handlich ist das Ding nicht gerade«, kommentierte sie.

»Wir brauchen es ja auch nur kurz. Sei froh, dass wir überhaupt etwas zustande gebracht haben.«

Sie starteten das Programm und betrachteten gebannt den Bildschirm. Sie hatten keine Zeit, sich erst in das Programm einzuarbeiten, und Mia hatte große Teile der ausführlichen Anleitung übersprungen. Sie hatte sich bis zu einer Übersicht durchgeklickt, die zeigte, wie ein sauberes und ein gestörtes Signal aussehen sollte. Ihr eigenes Programm zeigte in regelmäßigen Abständen ein Signal ohne Hintergrundstörung, was gegen Wanzen in Sinjes Labor sprach.

»Gut, dann haben wir hier also unsere Kontrolle«, meinte Mia.

Sinje stimmte ihr zu. »Dann mal auf in unsere Kabine.«

Mia legte die Antenne auf die Tastatur und klappte den Monitor von Sinjes Laptop ein Stück vor, sodass nicht gleich jeder sehen konnte, was sie da mit sich herumtrug. Wobei Mia stark bezweifelte, dass irgendjemand, selbst die Besitzer der Wanzen, damit rechnete, dass sie und Sinje ein Detektionsgerät zusammenbauen konnten.

In der Kabine angekommen, versuchten sie ihre Unterhaltung auf ein Minimum zu begrenzen. Sie hielten die Antenne in die Nähe der Wanze, die immer noch auf dem Schreibtisch lag. Das Bild auf ihrem Monitor veränderte sich mit leichter Verzögerung. Statt des gleichmäßigen Musters von rot-gelben Streifen auf blauem Hintergrund wurde nun der gesamte Monitor von einem gelben Hintergrundrauschen eingenommen, auf dem vereinzelt noch rote Streifen, die laut Anleitung normalen Radiofrequenzen entsprachen, zu sehen waren. Mia und Sinje prägten sich das Muster gut ein und machten sich auf die Suche. In der Anleitung stand, dass das Hintergrundrauschen stärker wurde, je näher man an einer Wanze stand, aber die beiden wussten nicht, wie dicht sie tatsächlich an ihr dran sein mussten. Gemeinsam drehten sie eine Runde durch die Kabine, merkten aber schnell, dass die Störung der Wanze auf dem Schreibtisch ihre Suche erheblich erschwerte. Sinje nahm die kleine Box vom Schreibtisch und deutete per Handzeichen an, dass sie sie wegbringen wollte. Ihrer Armbewegung nach vermutete Mia, dass sie die Box ins Meer werfen wollte.

Während Sinje die bereits entdeckte Wanze nach draußen brachte und entsorgte, ging Mia mit der Antenne in der einen und dem Laptop in der anderen Hand noch mal die Kabine ab. Ihr Badezimmer schien nicht verwanzt worden zu sein. Als Mia jedoch in der Mitte der Kabine stand, konnte sie wieder einen leichten Anstieg des Hintergrundrauschens sehen. Irgendwo hier musste also noch eine versteckt sein. Mia ging zunächst zu ihrem Kleiderschrank, doch das Signal blieb unverändert. An der Tür wurde das Signal wieder schwächer. Mia drehte sich um und besah sich die Kabine. Ihr Bett stand genau gegenüber der Kabinentür. An dem großen Doppelstockbett sollte es genug versteckte Ecken geben, um eine Wanze anzubringen. Sie ging zum Bett, und tatsächlich wurde dort das Hintergrundrauschen stärker. Gerade als sie sich vor das Bett kniete und Sinjes Koffer darunter hervorzog, kam ihre Kabinennachbarin wieder herein. Sie verstand sofort, was Mia vorhatte, und holte einen kleinen Kosmetikspiegel aus dem Badezimmer, sodass Mia nicht unter das Bett kriechen musste. Sinje schob indessen ihren Koffer bis zur Eingangstür und untersuchte ihn mit der Antenne. Der Koffer schien jedoch sauber zu sein.

Durch den Handspiegel hatte Mia nur ein sehr begrenztes Blickfeld, und es dauerte eine Weile, bis sie am Kopfende die gleiche schwarze Box fand wie unter ihrem Schreibtisch. Sie war mit Draht von unten an einer der Sprossen des Lattenrosts befestigt und anschließend in die Ecke bis zum Bettrahmen geschoben worden. Sinje musste die Matratze anheben, damit Mia den Draht entknoten und die Wanze lösen konnte. Anschließend entsorgte Sinje auch die zweite Wanze, während Mia nach weiteren Geräten suchte. Nach zwanzig Minuten gab sie die Suche auf. Sie war die Kabine zahlreiche Male abgegangen, hatte jedes Möbelstück einzeln mit der Antenne abgetastet und auch die Feuermelder, Steckdosen und den Lautsprecher untersucht. Der Monitor zeigte keine weiteren Ausschläge an. Mia übergab den Laptop und die Antenne Sinje, die noch einmal die Kabine untersuchte. Als Sinje auch nichts mehr finden konnte, nickten sich die beiden zu.

»Also sind wir jetzt wieder unter uns?«, fragte Mia vorsichtig. Obwohl sie sich sicher war, nichts übersehen zu haben, fühlte es sich merkwürdig an, nach über einer Stunde des absoluten Schweigens wieder zu sprechen.

»Sieht ganz danach aus.« Auch Sinje sprach leise, fast andächtig. Die beiden sahen sich unablässig in der Kabine um, als könnte ihnen doch noch eine Ecke auffallen, die sie nicht mindestens drei Mal untersucht hatten.

»Und was machen wir jetzt mit deinem Labor?«, fragte Sinje.

»Na ja, ich denke, es ist besser, wenn Camilla und Erik erst einmal nichts mitbekommen. Das Beste ist wahrscheinlich, bis zum Mittagessen zu warten. Dann sind fast alle weg, und wir können die Tür schließen.«

»So oft wie du in den letzten Tagen das Mittagessen verpasst hast, wird deswegen eh niemand Verdacht schöpfen.«

»Das stimmt, aber was ist mit dir? Vielleicht solltest du lieber zum Mittagessen gehen?«

»Ach Quatsch, ich helfe dir natürlich«, widersprach Sinje.

»Aber ist das nicht zu auffällig? Wenn wir beide ausgerechnet an dem Tag wegbleiben, nachdem zum zweiten Mal mein Versuch manipuliert wurde?«

»Wir haben die Wanzen aus unserer Kabine zerstört«, entgegnete Sinje. »Selbst wenn sie glauben sollten, dass zufällig beide Wanzen innerhalb kurzer Zeit ihren Geist aufgegeben haben, werden sie spätestens nach der Bereinigung des Labors wissen, dass die Wanzen aufgeflogen und wir ihnen auf der Spur sind. Wir sollten uns jetzt lieber nicht trennen.«

Mias Magen fühlte sich an, als würde sie in einem von diesen Jahrmarktgeschäften sitzen, die einen im freien Fall nach unten sausen ließen. »Was, meinst du, passiert als Nächstes?«

Sinje zuckte mit den Schultern. »Wir müssen unbedingt herausfinden, wer genau für die Wanzen verantwortlich ist und wer alles mit drinsteckt. Bis zum Mittagessen sollten wir vielleicht einfach in der Kabine bleiben.« Sinje ging zur Tür und schloss sie ab.

Die verschlossene Tür gab Mia nur noch mehr das Gefühl, in der Falle zu sitzen. Sie starrte den hellblauen Teppich an, der die Wand zwischen den Schreibtischen und dem darüber hängenden Regal auskleidete. Ob jemand dort hinter dem Teppich eine Wanze angebracht hatte? Sie verwarf den Gedanken schnell wieder. Zum einen hatten sie mit dem Detektionsgerät wirklich jeden Winkel ihrer Kabine durchleuchtet, zum anderen waren die Boxen nicht flach genug.

»Was, meinst du, ist mit Henrik passiert?«, fragte Mia nach einer Weile. Sie wusste nicht mehr, was sie noch glauben sollte. Natürlich war es immer noch ein weiter Weg von Versuchsmanipulation und Spionage bis zu einem Mord, aber andererseits schien ein Unfall ausgerechnet von Henrik ein zu großer Zufall zu sein.

»Gute Frage«, gab Sinje zurück. »Ich kann mir einfach nicht vorstellen, dass jemand auf diesem Schiff zum Mord fähig ist. Vielleicht gab es ja einen Streit, und Henrik ist aus Versehen über Bord gegangen?«

»Aber dann hätte man doch die Brücke verständigt. Was, wenn Henrik nicht gefallen ist, wie der Kapitän vermutet, sondern gestoßen wurde?«

»Vielleicht hat derjenige auch spontan eine Chance gesehen, Henrik loszuwerden. Immerhin ist es inzwischen extrem unwahrscheinlich, dass Henrik jemals gefunden wird. Und selbst wenn man ihn doch noch finden sollte, sind jegliche Beweise längst weggespült. Man wird nie jemanden für seinen Tod belangen können. Eigentlich das perfekte Verbrechen.«

»Machen wir uns jetzt selbst zur Zielscheibe?«, überlegte Mia.

Sinje wirkte unsicher. »Immerhin sind wir jetzt zu zweit.« Sie beugte sich vor und drückte Mias Hand. »Wenn es sein muss, geben wir uns gegenseitig Rückendeckung. Und sobald wir im Labor nachgeschaut haben, sollten wir auch Antje und den Kapitän benachrichtigen.«

»Wir sollten auch Anne Bescheid sagen«, fügte Mia hinzu. »Immerhin ist sie eine der norwegischen Beobachter und dafür zuständig, dass wir unabhängig unsere Arbeit durchführen können.«

»In Ordnung«, stimmte Sinje nach kurzem Zögern zu.

Mia wunderte sich darüber, dass sich Sinjes und Annes Verhältnis immer noch nicht gebessert hatte, ging jedoch nicht weiter darauf ein. Ob die beiden noch Freundinnen wurden oder nicht, stand auf ihrer Prioritätenliste nun wirklich nicht an erster Stelle.

Als die Mittagspause endlich begonnen hatte, warteten Sinje und Mia noch zehn Minuten, bevor sie mit ihrem Laptop und der Antenne bewaffnet ins Labor gingen. Camilla und Erik waren nicht da, und so konnten sie die Tür schließen und ungesehen nach weiteren Wanzen suchen. Sie fanden zwei schwarze Boxen, eine hinter der Spüle und eine unter dem großen Abzug, unter dem Mia stets ihre Proben vergiftete. Der Vollständigkeit halber suchte Mia auch im Kühlraum, hielt die Suche bei vier Grad Celsius aber so kurz wie möglich, zumal dort alles sauber zu sein schien. Anschließend entsorgten sie auch die beiden Fundstücke aus dem Labor im Ozean, bevor die Mittagspause vorbei war.

»Und jetzt?«, fragte Sinje.

Mia dachte kurz darüber nach. »Die haben doch im Internet geschrieben, dass die Batterien circa alle hundert Stunden ausgetauscht werden müssen … Das würde heißen, dass alle vier bis fünf Tage jemand in unserer Kabine und im Labor war, der da eigentlich nichts verloren hat.«

»Wir könnten den IT-Admin fragen, der müsste doch Zugang zu allen Aufzeichnungen haben«, schlug Sinje vor.

Mia erinnerte sich daran, was sie während der Suche nach Henrik erfahren hatte. »Die Aufzeichnungen der Kameras werden nicht gespeichert.«

Sinje guckte enttäuscht.

»Aber vielleicht können wir die Verantwortlichen aus ihrem Versteck locken«, fiel Mia plötzlich ein. »Wenn jetzt alle vier Signale abgerissen sind, wird wer auch immer dahintersteckt doch bestimmt mal nach seinen kleinen Helferlein schauen wollen. Wir wissen ja auch nicht, wann er das letzte Mal die Batterien gewechselt hat, vielleicht wäre es ja schon bald wieder so weit.«

»Dann müssten wir nur die Kameras im Auge behalten«, stellte Sinje fest. »Lass uns das von meinem Labor aus machen«, schlug sie vor. »Hier würden wir dem Eindringling nur im Weg stehen.«

Die Abgeschiedenheit von Sinjes Labor ließ Mia wieder ein wenig durchatmen. Wenn jemand hier hinauf wollte, musste er erst einmal durch die Brücke, sie waren also fürs Erste an einem sicheren Ort. Sie hatten von hier einen Rundumblick und konnten beobachten, wo der blaue Himmel auf das dunkelblaue Meer traf. Vereinzelt trieben kleine Eisschollen am Schiff vorbei. Von jedem Computer des Schiffs aus konnte man die Bilder der Überwachungskameras abrufen. So blieb Mia normalerweise über den Verbleib der CTD informiert. Sie hatten Glück, im Flur vor Mias Labor war direkt eine Kamera angebracht. Vor den Kabinen waren allerdings weniger Kameras installiert, und sie mussten sich mit dem Bild, das von ihrem Flur auf das Treppenhaus zeigte, zufriedengeben. Wenn jemand über die Kamera Bescheid wusste, war es durchaus möglich, sich vom Bug aus an die Kabine heranzuschleichen, ohne überwacht zu werden. Aber die Euroil-Mitarbeiter hatten noch keinen Anlass, anzunehmen, dass sie beobachtet wurden, also hofften Sinje und Mia, dass sie den kürzesten Weg an der Kamera vorbei wählen würden. Sinje hatte im Intranet der »Kronprins Haakon« eine Liste der Personen gefunden, die die übrigen Kabinen auf ihrem Flur bewohnten. Ein Ausdruck der Liste lag jetzt vor ihnen auf dem Tisch, damit sie gleich zuordnen konnten, ob jemand auf ihrem Monitor auftauchte, der dort nichts zu suchen hatte.

Direkt nach der Mittagspause liefen einige Wissenschaftler an der Kamera entlang, aber alle hatten ihre Kabinen auf dem Flur. Danach wurde es wieder ruhiger. Mia und Sinje beobachteten auch die Kamera vor Mias

Labor, aber mittlerweile waren Camilla und Erik wieder dort, was es unmöglich machte, die Wanzen unbeobachtet zu kontrollieren.

»Das könnte jetzt eine Weile dauern«, meinte Sinje.

Auch nach einer halben Stunde zeigte sich niemand im Flur vor ihrer Kabine, der dort nicht hingehörte, aber es wäre auch zu schön gewesen, so schnell schon mit ihrer Überwachung Erfolg zu haben. Mias Frustration wuchs. »Wir hätten die Wanzen nicht entsorgen sollen. Wie soll ich jetzt beweisen, dass wir abgehört wurden? Ich kann doch nicht einfach zu Antje und dem Kapitän gehen und sagen, dass ich von den Euroil-Mitarbeitern abgehört wurde.«

»Tut mir leid, ich wollte die Wanzen einfach unschädlich machen. Daran habe ich nicht gedacht.«

Mia bereute ihre Worte sofort. Sinje hatte sie in den letzten Stunden so sehr unterstützt, das Letzte, was sie wollte, war, ihrer Freundin Vorwürfe zu machen. »So meinte ich das gar nicht. Ich war ja auch dafür, die Dinger zu entsorgen. Aber was sollen wir jetzt machen? Was, wenn niemand auftaucht, um nach den Wanzen zu suchen? Und selbst wenn im Laufe des Tages irgendjemand auftauchen sollte, ist es noch lange kein Verbrechen, im Flur vor unseren Kabinen herumzulaufen. Derjenige könnte sich da leicht herausreden.«

»Und was willst du stattdessen machen?«, fragte Sinje.

»Ich habe die Ergebnisse von meinen Experimenten auf dem Laptop, einer externen Festplatte und in meinem Laborbuch. Wenn wirklich jemand die Publikation der Ergebnisse verhindern will, wäre es für ihn ein Leichtes, alle drei Ausführungen in die Hände zu bekommen und zu zerstören.« Mia schaute wieder nach draußen, wo sich inzwischen die Wolken zusammenballten und ein leichtes Schneegestöber eingesetzt hatte. War ihr der Schnee am Anfang ihrer Reise noch wunderschön und rein vorgekommen, sah er jetzt undurchdringlich und bedrohlich aus, als könnte sie das Weiß jederzeit verschlingen und nicht mehr aus seinen Fängen lassen, genauso wie das Meer Henrik nicht mehr freigeben würde.

»Gut, dann müssen wir die Ergebnisse an jemanden außerhalb des Schiffs schicken«, riss Sinje Mia aus ihren Gedanken.

»Ich könnte die Ergebnisse an eine Kollegin schicken. Oder an Lars?«, überlegte Mia. »Oder ich könnte sie an Professor Tindal schicken, der wüsste wahrscheinlich am ehesten etwas damit anzufangen.« Mia überlegte weiter, während sie den Monitor betrachtete, um sich von dem immer dichter werdenden Schneegestöber draußen abzulenken. »Ich weiß es einfach nicht. Vielleicht sollte ich dem Professor eine E-Mail schreiben? Was würdest du denn machen?«

Sinje zuckte mit den Schultern. »Ich weiß es auch nicht. Meinst du denn, Tindal würde die Ergebnisse veröffentlichen? Oder sie zumindest beim nächsten Antarktisgipfel präsentieren?«

»Keine Ahnung. Am besten ich frage ihn einfach. Ansonsten kann ich die Ergebnisse immer noch Lars schicken.«

»Und was soll er damit machen?«

»Sie erst einmal sicher verwahren. Andererseits ist die nächste Konferenz schon in zwei Wochen. Bis dahin muss ich einen Weg gefunden haben, die Politiker von den Gefahren von Oilex zu überzeugen.« Mia war durchaus klar, dass sie bis jetzt lediglich drei der versprochenen fünf Replikate fertiggestellt hatte. »Wie soll ich bis dahin meine Studie abschließen, zumal unter diesen Bedingungen?« Mia kam ihre Situation immer auswegloser vor. Sie musste sich zusammennehmen, um nicht die Nerven zu verlieren. Dafür war jetzt keine Zeit.

»Kannst du nicht vorläufige Ergebnisse präsentieren?«, fragte Sinje.

»Ich weiß nicht, ob das akzeptiert wird. Ich habe auch keine Ahnung, wie das dann eigentlich abläuft bei der Konferenz. Präsentiert Anne alle Ergebnisse?«

»Vielleicht sollten wir doch noch einmal mit Anne reden«, meinte Sinje. »Aber erst einmal schreibst du deinem Professor. Und zwar von meinem Computer.« Sie öffnete ihr E-Mail-Programm und zog das Fenster des Internetbrowsers auf den zweiten Monitor, damit sie weiterhin die Kameras beobachten konnten, die allerdings beide nur menschenleere Korridore zeigten.

Mias E-Mail an Professor Tindal wurde länger als geplant. Zuerst legte sie ihm in allen Details die Manipulationen ihrer Versuche dar, um ihn davon zu überzeugen, wie schwierig es für sie war, ungestörte Forschungsarbeit durchzuführen. Dann fragte sie ihn nach seinem Rat, wie sie die Ergebnisse veröffentlichen konnten, damit sie noch rechtzeitig zur Antarktiskonferenz berücksichtigt würden. Sie gab der E-Mail die höchste Priorität in der Hoffnung, dass Professor Tindal sie gleich lesen würde.

»Ich bleibe vielleicht lieber hier«, meinte Sinje, als Mia die E-Mail abgeschickt hatte und von ihrem Stuhl aufstand. »Einer muss schließlich weiter die Kameras überwachen. Was, wenn jetzt plötzlich jemand bei uns in der Kabine auftaucht?« Mia gab ihr recht. »Vielleicht solltest du Anne gegenüber nicht unbedingt erwähnen, dass du überlegst, die Ergebnisse an Lars zu schicken. Das dürfte der Regierung nicht gefallen«, fügte Sinje hinzu.

Mia dachte über ihre Worte nach, als sie auf dem Weg in Annes Büro war. Sie wollte Anne vertrauen, aber Sinje hatte nicht ganz unrecht, sie war schließlich eine Vertreterin der norwegischen Regierung, und die würde es kaum gutheißen, wenn vertrauliche Ergebnisse an die Öffentlichkeit gelangten. Doch was blieb Mia im schlimmsten Fall anderes übrig, um die Ergebnisse rechtzeitig publik zu machen? Ihre beste Chance war Professor Tindal.

»Anne, ich muss mit dir reden«, sagte sie ohne Umschweife, als sie vor ihrem Schreibtisch stand. Mia führte sie auf das Helideck. Sie hielten sich dicht an der Tür, unter dem Vorsprung, der von der Brücke gebildet wurde. Das Schneegestöber hatte zugenommen, und sie konnten das Heck des Schiffes nur noch als dunkle Konturen ausmachen.

»Warum müssen wir unbedingt hier draußen reden?«, fragte Anne, während sie ihre Fleecejacke eng um ihren Oberkörper schlang.

»Damit uns niemand ausspionieren kann«, antwortete Mia. Anne sah sie überrascht an. »Sinje und ich haben Wanzen in unserer Kabine und meinem Labor gefunden.«

»Wanzen? Seid ihr euch da sicher?«

»Hundertprozentig. Wir haben im Internet recherchiert, und unsere Antenne hat in der Nähe der Wanzen Ausschläge gezeigt.«

»Eure Antenne? Wieso zum Teufel habt ihr eine Antenne für Abhörgeräte an Bord?«, fragte Anne. Ihre Frage klang schon fast ärgerlich, und sie sah Mia auffordernd an. »Wisst ihr, von wem die sind?«, fügte sie etwas milder hinzu.

»Wir haben uns selbst eine Antenne gebaut«, erklärte Mia nicht ganz ohne Stolz. »Wir wissen aber leider nicht, wer die Wanzen installiert hat. Wir sind hier einfach alle auf so engem Raum, dass eine genaue Ortung des Empfängersignals unmöglich ist. Die Kameras speichern die Überwachungsvideos nicht, und bis jetzt ist noch niemand vor unserer Kabine oder dem Labor aufgetaucht, der da nicht hingehört. Sinje sitzt aber weiterhin vor dem Monitor und hält Wache. Aber es müssen die Euroil-Mitarbeiter sein. Wir haben noch keine Beweise, aber es ist lediglich eine Frage der Zeit, bis sie sich verraten. Wir müssen nur wissen, wie viele von ihnen an den Versuchsmanipulationen und dem Abhören beteiligt sind.«

»Wow.«

»Du musst zugeben, dass die Euroil-Mitarbeiter die Einzigen sind, die ein Motiv haben«, sagte Mia. »Ich möchte nicht wissen, welche Boni die bekommen, wenn Oilex tatsächlich von der norwegischen und vielleicht noch anderen Regierungen genutzt wird.«

»Aber ihr habt keine Beweise dafür, dass es die Leute von Euroil waren. Vielleicht kann ich euch dabei behilflich sein?«

»Wir könnten durchaus noch Unterstützung gebrauchen«, meinte Mia dankbar. Sie war froh, dass sie Anne von der Manipulation und der Abhöraktion überzeugen konnte. Mit einer Vertreterin der Regierung an ihrer

Seite standen ihre Chancen gegen die Euroil-Delegation weitaus besser.

»Ich bin mir noch nicht ganz sicher, wie ich euch am besten helfen kann«, gab Anne zu. »Vielleicht könnten einige meiner Kollegen in der IT-Abteilung herausfinden, an wen die Wanzen ihr Signal gesendet haben. Wo habt ihr denn die Geräte?«

»Die haben wir über Bord geworfen«, musste Mia eingestehen. »Im Nachhinein ist uns auch klar, dass das nicht die beste Idee war, aber in dem Moment wollten wir die Dinger einfach nur loswerden«, fügte sie hinzu, als sie Annes Gesichtsausdruck sah.

»Verständlich. Aber das macht es natürlich nicht leichter.«

»Vielleicht können wir nicht beweisen, dass die Euroil-Leute dafür verantwortlich sind, aber wir können wenigstens dafür sorgen, dass sie nicht gewinnen.«

»Wie genau meinst du das?«

»Sinje und ich haben gedacht, dass du oder einer deiner Kollegen doch bestimmt die Ergebnisse dieser Forschungsfahrt bei der nächsten Antarktiskonferenz vorstellen werdet, oder?«

»Ja, wahrscheinlich werde ich die Ergebnisse in Oslo selbst vortragen. Vorausgesetzt das Wetter ist gut und der Helikopter kann mich abholen«, erklärte Anne.

»Du musst dann unbedingt auch unsere vorläufigen Ergebnisse vortragen.«

»Aber die sind doch noch gar nicht verifiziert.«

»Wie soll ich denn die restlichen Tests durchführen, wenn meine Versuche ständig manipuliert werden?« Mia hatte ihre Stimme leicht erhoben.

»Trotzdem kann ich keine unausgegorenen Ergebnisse präsentieren. Da sind die Umweltminister zahlreicher Staaten anwesend.«

»Aber die Ergebnisse sind bis jetzt eindeutig!« Es kostete Mia all ihre Überwindung, Anne ihre Frustration nicht direkt ins Gesicht zu schreien. »Ich habe drei vollständig durchgeführte Versuche und zusätzlich zwei Teilversuche, die zwar nur einen Tag lang gelaufen sind, aber trotzdem die gleichen Tendenzen aufweisen wie die ersten vollständigen Durchläufe. Ich stehe zu einhundert Prozent hinter meinen Ergebnissen, und wenn Henrik hier wäre, würde er ganz gewiss dasselbe sagen.«

Anne hob beschwichtigend die Hände. »In Ordnung. Ich schaue, was ich tun kann. Aber ich kann nichts versprechen, nur weil wir Freunde sind.«

Mia war wahrlich kein gewalttätiger Mensch, aber in diesem Moment hätte sie am liebsten die Fäuste geballt und Anne ins Gesicht geschlagen. Es war ihr unbegreiflich, wie die Vertreterin der norwegischen Regierung zögern konnte, Ergebnisse, die eindeutiger nicht sein konnten, zu veröffentlichen oder zumindest bei der Antarktiskonferenz zu präsentieren.

»Wenn du sie nicht präsentierst, werde ich sie veröffentlichen müssen«, sagte Mia, ohne einen drohenden Unterton vermeiden zu können.

»Damit machst du dich strafbar«, erwiderte Anne genauso ernst.

Mia atmete tief durch, um sich zu beruhigen. Vielleicht hätte doch lieber Sinje das Gespräch mit Anne führen sollen. »Ich kann die Ergebnisse nicht einfach verschweigen. Henrik hat dafür sein Leben gelassen, und es wird viel schwieriger, Oilex zu stoppen, wenn das Produkt erst einmal verwendet wird, als die Einführung zu verhindern. Außerdem wissen wir nicht, ob sich die Krillpopulation erholen kann, wenn sie erst einmal dezimiert ist, oder ob dann nicht die Salpen einen Großteil ihrer Nische einnehmen. Wir könnten das gesamte antarktische Ökosystem innerhalb einer Saison unwiderruflich zerstören.« Mias Stimme zitterte vor Erregung. Anne musste einfach begreifen, wie wichtig es war, Oilex zu stoppen.

»In Ordnung«, lenkte Anne ein. »Ich werde mein Bestes tun, deine vorläufigen Ergebnisse zu präsentieren. Konzentriere du dich trotzdem darauf, deine Versuche zu wiederholen.«

»Wie denn, wenn mir die Euroil-Leute im Nacken sitzen?«

»Mit denen werde ich mich befassen. Ihr habt mit den Wanzen einen Anfang gemacht, ich werde diese Kerle drankriegen und ihnen die Manipulation nachweisen. Schließlich habe ich die Unterstützung der Regierung und ihrer IT-Abteilung. Vielleicht kannst du deine Versuchsreihen vorerst bei Sinje im Labor ansetzen?«, schlug Anne vor.

»Gut«, entgegnete Mia nun etwas versöhnlicher. »Ich kümmere mich um die neuen Versuche. Aber halt mich bitte auf dem Laufenden.«

»Natürlich«, versprach Anne.

Mia ging enttäuscht zurück in Sinjes Labor. Ausgerechnet in dem Moment, in dem Mia ihre Unterstützung am meisten gebraucht hätte, zögerte Anne. Das hatte Mia allerdings in ihrem Beschluss bestärkt, Lars ihre Ergebnisse zu schicken. Sie brauchte einen Plan B, falls Anne doch nicht bereit sein sollte, die Ergebnisse vorzustellen.

Selbst wenn das bedeutete, dass sie sich strafbar machte. Die Öffentlichkeit musste von den schädlichen Auswirkungen von Oilex erfahren.

»Und, wie ist es gelaufen?«, wollte Sinje wissen, sobald Mia das Labor betrat.

»Nicht wie erhofft.«

»Interessante Antwort«, gab Sinje zurück, während sie nach wie vor den Monitor nicht aus den Augen ließ.

»Na ja, zuerst schien Anne komplett dagegen zu sein, die Ergebnisse vorzustellen. Dann meinte sie, dass es illegal wäre, wenn ich sie trotzdem veröffentliche. Sie klang dabei schon fast bedrohlich. Und als sie gemerkt hat, wie wichtig mir das ist, meinte sie, dass sie es versuchen wird, aber nichts versprechen kann. Sie will sich jetzt darum kümmern, die Euroil-Mitarbeiter dranzukriegen, und ich werde mich bemühen, noch ein oder zwei Versuchsdurchläufe durchzuführen. Würdest du mir deinen Kühlschrank zur Verfügung stellen?«

»Na klar, der ist ganz deiner.« Sinje zögerte. »Und du vertraust Anne mit der Veröffentlichung deiner Ergebnisse?«

Mia ließ sich Zeit mit ihrer Antwort. Es gab aber keinen Grund, Sinje etwas vorzumachen. »Ehrlich gesagt, nein, nach ihrer Reaktion nicht mehr.«

Das schien Sinje nicht zu überraschen. »Gut, was machen wir dann?«

»Ich schicke die Ergebnisse an Lars. Dann sind sie erst einmal sicher. Und vielleicht kann er sich vorsichtig umhören, wie wir die Ergebnisse veröffentlichen könnten, sollte es wirklich dazu kommen. Eins ist klar, die Politiker müssen über unsere Ergebnisse informiert werden. Egal wie.«

»Und wie willst du ihm die schicken? Selbst wenn die Euroil-Typen nicht meine E-Mails überwachen, können wir uns jetzt nicht mehr sicher sein, ob Anne oder einer der anderen Regierungsmitarbeiter sie nicht überwachen«, meinte Sinje.

»Meinst du wirklich, dass Anne uns auf eine solche Weise ausspionieren würde?«

»Sie arbeitet für die norwegische Regierung. Und du hast es ihr quasi angekündigt. Sie hat eigentlich gar keine andere Wahl«, gab Sinje zu bedenken.

»Also war das Gespräch ein Fehler.« Mia hatte das Gefühl, zuverlässig eine falsche Entscheidung nach der anderen zu treffen. Warum hatten sie nur die Wanzen entsorgt? Und warum war Anne mit einem Mal dermaßen skeptisch ihren Ergebnissen gegenüber?

»Na, so würde ich das jetzt nicht sagen, du musstest es schließlich versuchen. Anne wäre die unkomplizierte Lösung gewesen. Und du hattest keinen Grund, ihr gegenüber skeptisch zu sein«, versuchte Sinje Mia zu beschwichtigen.

Sie überlegten, wie sie am besten die Ergebnisse an Lars schicken konnten. Sie erwogen, den Kapitän oder einen der Offiziere einzuweihen, vielleicht hatten die noch andere Kanäle, um Nachrichten zu senden, als die normale Besatzung. Aber Mia hatte die perfekte Lösung eigentlich bereits im Gepäck. »Was ist, wenn wir die Informationen in einem Bild verstecken? Es gibt verschiedene Programme, die Textdateien in einem Bild verstecken können«, erklärte sie Sinje.

»Aber müsstest du ihm dann nicht auch schreiben, mit welchem Programm und welchem Passwort du das Foto verschlüsselt hast?«, gab sie zu bedenken.

»Normalerweise schon, aber das Programm ist von Lars selbst, er hat es im Studium geschrieben. Sie sollten die Freeware, die es überall im Internet zum Herunterladen gibt, verbessern.«

»Hast du das Programm etwa mit?«, fragte Sinje. Ihre Skepsis war kaum zu überhören.

»Ich habe Lars' Festplatte dabei. Darauf ist es noch gespeichert.«

»Und hat er noch eine Kopie von dem Programm?«

»Er hat immer zwei Kopien von allem. Er muss also auch davon noch eine haben.«

Mia hatte das Gefühl, Sinje langsam überzeugen zu können. Sie schlug vor, sich direkt ans Werk zu machen und das Programm auszuprobieren.

»In Ordnung. Aber wie bringst du ihn dazu, sich das Foto näher anzuschauen?«

»Da fällt mir schon was ein.« Darüber hatte sie noch nicht nachgedacht. Aber erst mal musste das Ganze funktionieren. Dann konnte sie sich über den Rest immer noch Gedanken machen.

Unter lautem Protest von Mia ging Sinje zu ihrer Kabine, um die Festplatte zu holen. Sinje beharrte darauf, dass Mia so wenig wie möglich gesehen werden sollte. Schließlich mussten die entfernten Wanzen mittlerweile das Interesse ihrer Überwacher geweckt haben, auch wenn sie noch niemand Verdächtiges auf den Kamerabildern entdeckt hatten.

Als sie alleine war, grübelte Mia darüber nach, wie sie Lars implizit so stutzig machen konnte, dass er sich das Foto auch wirklich näher ansah und es nicht nur für ein nettes Lebenszeichen aus der Antarktis hielt. Welches Foto sollte sie am besten nehmen? Sollte sie eins aus dem Internet herunterladen? Oder ein persönliches nehmen? Was wäre am unauffälligsten?

Sie könnte eins von sich beiden nehmen und Lars schreiben, wie sehr sie ihn vermisste. In ihrer Situation würde wohl niemand die Authentizität solch einer E-Mail hinterfragen. Und dann hatte sie auch die perfekte Idee, wie sie Lars misstrauisch machen konnte. Mia dachte sehnsüchtig an ihren letzten gemeinsamen Abend in Bergen, wie sie in seinen Armen gelegen hatte. Sie schmiedeten Pläne für ihre Südafrikareise nach der Ausfahrt. Und sie trug den Pullover, den Lars ihr zu ihrem Jahrestag ein paar Monate zuvor geschenkt hatte. Sie hatte sich bei ihm beschwert, warum er ihr im Sommer einen Winterpullover schenkte, aber letztendlich gefiel ihr der Pullover so gut, dass sie ihn auch im Sommer in den kalten Nächten gern anzog.

Mia setzte sich auf und riss mit ihrem Fuß, den sie auf eine der Aluboxen gestützt hatte, fast die Tastatur vom Tisch. Sie hakte das Kabel der Tastatur vorsichtig hinter ein Tischbein, während ihre Idee Form annahm. Auch wenn Lars sich bestimmt nicht an das genaue Datum ihres Jahrestags erinnern würde, er wusste genau, dass er nicht im Winter war. Wenn Mia ihm nun eine E-Mail zu ihrem Jahrestag schickte, sollte ihn das stutzig genug machen, dass er einen zweiten Blick auf das Foto warf. Jetzt musste sie nur noch entscheiden, welches Foto sie ihm schicken konnte, um ihm einen Hinweis auf das Passwort zu liefern.

Sie grübelte noch ein wenig und entschied schließlich, dass ihr erster Jahrestag dazu am besten geeignet war. Mia hatte diesen Abend nicht in irgendeinem edlen Restaurant in förmlicher Atmosphäre verbringen wollen und Lars deshalb überredet, mit ihr in einen der Irish Pubs in Bergen zu gehen, ins Finnegan's. Doch der Pub war an diesem Abend voll von Fußballfans gewesen und die entspannte Atmosphäre, die Lars und Mia sich erhofft hatten, natürlich dahin. Ein denkwürdiger Abend, über den sie beide noch immer lachten.

Nun fehlte ihr nur noch ein passender Text. Während Mia in Gedanken vor dem Monitor hing und mit Bedacht ihren Text an Lars formulierte, kam Sinje mit der Festplatte zurück ins Labor. Mia brauchte eine Weile, um in Lars' Gewirr den richtigen Ordner zu finden. Sie konnte sich nicht mehr an den Namen des Programms erinnern, aber als sie den Ordner mit dem Titel Picode sah, wusste sie, dass sie das Programm gefunden hatte. Zu ihrer Erleichterung befand sich neben zahlreichen anderen Dateien auch eine .exe-Datei in dem Ordner, die sie nur zu starten brauchte. Sie hatte damals für Lars die Software auf ihre Bedienbarkeit getestet. Trotzdem brauchte sie ein paar Versuche, bis sie das gewünschte Bild importiert hatte. Es zeigte sie vor einem Restaurant in Oslo, wo sie vor ein paar Monaten ein verlängertes Wochenende verbracht hatten.

Die nächsten zwei Stunden verbrachte Mia damit, ihre Ergebnisse aus sämtlichen Tabellen in möglichst einfache Textdateien umzuwandeln. Diese kopierte sie direkt in die Software, die dann irgendeinen von Lars programmierten Algorithmus nutzte, um die Informationen im Foto zu verstecken. Am Ende musste Mia das Bild nur noch als ganz normale Bilddatei speichern und an ihre fertig formulierte E-Mail anhängen. Lars hatte ihr erklärt, wie genau das Programm die Informationen verschlüsselte, aber sie hatte bereits damals nur die

Hälfte verstanden. Mittlerweile wusste sie von den Berechnungen nicht mehr das Geringste und hoffte einfach darauf, dass Lars' Programm noch einwandfrei funktionierte.

Als sie die E-Mail abschickte, sah sie, dass sie eine Antwort von Professor Tindal erhalten hatte. Er riet ihr, die übrigen Versuche wie geplant durchzuführen und von einer vorzeitigen Veröffentlichung abzusehen. Wie Anne schien er es als wichtiger zu erachten, die gängigen Normen einzuhalten, als die Einführung von Oilex zu stoppen. Mia beschloss, sich von der fehlenden Unterstützung nicht unterkriegen zu lassen. Sie war weiterhin davon überzeugt, dass die Öffentlichkeit und die Politiker von den Ergebnissen vor der Antarktiskonferenz erfahren mussten.

Sinje versprach, sich um die Kameras zu kümmern, damit Mia eine neue Versuchsreihe ansetzen konnte. Als sie damit fertig war, war es bereits spät in der Nacht. Sinje war schon ins Bett gegangen, hatte Mia aber vorher Bescheid gegeben. Die Kabine würde um diese Uhrzeit zwar vermutlich sowieso niemand mehr checken, trotzdem hatte Sinje Mia einen Kabinenschlüssel vorbeigebracht und die Tür hinter sich abgeschlossen. Mittlerweile trauten sie den Euroil-Leuten so einiges zu. Deshalb schloss auch Mia die Tür wieder sorgfältig hinter sich ab, bevor sie ins Bett ging. Nicht mehr dazu fähig, über die Entdeckungen des Tages nachzudenken, fiel sie vor lauter Erschöpfung in einen traumlosen Schlaf. Mit der verschlossenen Tür fühlte sie sich zumindest für den Moment sicher. Den Rest würden sie und Sinje schon irgendwie hinbekommen.

Am nächsten Morgen hatte Mia eine Antwort von Lars. Noch vor dem Öffnen der E-Mail sah sie, dass ein Anhang dabei war. Er hatte ihr ebenfalls ein Bild geschickt, und sie atmete erleichtert auf. Der Text war belanglos – Lars entschuldigte sich dafür, dass er fast ihren Jahrestag vergessen hatte, und versprach, es wiedergutzumachen, indem er sie in den Pub einlud, in dem sie bereits ihren ersten Jahrestag gemeinsam verbracht hatten. Mia öffnete das Bild mit Lars' Programm und gab Finnegan's als Passwort ein. Im Fenster rechts vom Bild öffnete sich Lars' Nachricht an sie.

Mia,
Ich habe deine Ergebnisse in zweifacher Ausführung abgespeichert, die Daten sind bei mir sicher. Wegen der Veröffentlichung – ich denke, Bjarne Dahl wäre ein guter Kandidat, immerhin hat er bis jetzt die Berichterstattung über die Antarktiskonferenz für *Dagsavisen* gemacht. Soll ich ihn kontaktieren und fragen, was er davon hält?

Ich könnte auch einen Anwalt suchen, der uns beraten kann. Ich denke, es wäre sinnvoll, mögliche Risiken für dich vorher abzuklären. Gibt es sonst noch irgendetwas, das ich tun kann? Soll ich noch einmal persönlich mit Professor Tindal sprechen? Lass uns dasselbe Passwort beibehalten – die Chancen, dass jemand es knackt, sind äußerst gering.

PS: Sei bitte vorsichtig und geh keine Risiken ein, schließlich haben wir noch einiges gemeinsam vor! Ich liebe dich!

Mia fühlte sich, als ob ein riesiger Stein von ihrer Schulter fiel. Als sie den Namen Bjarne Dahl las, musste sie einen Moment nachdenken, bevor ihr seine Zeitungsartikel wieder einfielen. Er hatte immer einen kritischen Ton gegenüber der Nutzung von Rohstoffen in der Antarktis angeschlagen. Wahrscheinlich hatte Lars recht, und Dahl war der perfekte Kandidat, um ihnen zu helfen. Es konnte jedenfalls nicht schaden, ihn zwecks einer möglichen Zusammenarbeit zu kontaktieren.

Lars hatte Mia in der E-Mail gebeten, ihm als Geschenk zum Jahrestag jeden Tag ein Selfie von sich zu schicken, und versprochen, das Gleiche zu tun. Also fotografierte Mia sich vor dem Meer, das sich über Nacht wieder beruhigt hatte und idyllisch hinter ihr lag, und lud das Bild auf Sinjes Computer. Sie bat Lars, Kontakt mit Bjarne Dahl aufzunehmen und ihn um Unterstützung zu bitten, ihm aber noch keine Daten zu schicken.

Mia hoffte inständig, dass der Kapitän ihre Nachrichten nicht kontrollierte. Sollte er herausfinden, dass sie ihrem Freund jeden Tag Selfies schickte, obwohl die Internetverbindung von der Antarktis aus mühsam von der IT aufgebaut werden musste und deshalb jedem nur ein begrenztes Datenvolumen zur Verfügung stand, würde er wahrscheinlich ihren Account sperren. Aber das Risiko musste sie in Kauf nehmen.

12

Lars wachte nach einem unruhigen Schlaf mitten in der Nacht auf und dämmerte ein wenig vor sich hin. Müde rechnete er sich aus, dass Mia gerade aufgestanden sein müsste und seine E-Mail wahrscheinlich schon gelesen hatte. Er war einigermaßen überrascht, dass sie sein Verschlüsselungsprogramm benutzt hatte. Zwar hatte sie es damals für ihn getestet, aber das war Jahre her. Er musste ehrlich zugeben, dass er Mia zwar stets interessiert zuhörte und auch unterstützte, wenn es um ihre Arbeit ging, aber den Großteil hatte er bereits nach wenigen Tagen wieder vergessen. Scheinbar hatte Mia ein weitaus besseres Gedächtnis. Es hatte schon seine Richtigkeit, dass sie diejenige von ihnen beiden war, die ihren Doktor machte. Ob sie ihm bereits geantwortet hatte?

Die Uhr zeigte 4.07 an, als er seinen Bildschirm entsperrte, um seine E-Mails zu kontrollieren. Normalerweise hätte er sich noch gemütlich unter seine Decke gekuschelt und vor sich hin gedöst. Aber nichts war mehr normal, seit er Mias Nachricht am Tag zuvor erhalten hatte.

Tatsächlich, sie hatte ihm schon geantwortet. Am Handy konnte er allerdings lediglich den nichtssagenden unverschlüsselten Text der E-Mail lesen. Lars blieb noch einige Momente lang liegen, bevor er sich aufraffte und im Dunkeln zum Schreibtisch stolperte, um nach seinem Laptop zu suchen. Er nahm den Laptop mit ins Bett, kuschelte sich unter die warme Bettdecke und startete den Computer. Seine Augen brauchten einige Augenblicke, bis sie sich an das helle Monitorlicht gewöhnt hatten, aber sein Passwort konnte er auch blind eingeben.

Es dauerte nicht einmal eine Sekunde, das Bild zu entschlüsseln. Stolz grinste Lars. Er las Mias Nachricht und suchte gleich im Anschluss die Kontaktdaten von Bjarne Dahl heraus. Eine Telefonnummer konnte er trotz intensiver Recherche nirgends finden, und so musste er sich mit einer E-Mail zufriedengeben. Lars versuchte, die Nachricht so dringlich wie möglich zu formulieren und Bjarne davon zu überzeugen, dass er tatsächlich wertvolle Informationen hatte. Er schrieb seine Telefonnummer in die E-Mail und bat um einen Rückruf oder ein persönliches Treffen. Nachdem er die E-Mail abgeschickt hatte, ließ Lars seinen Kopf zurück auf das Kissen sinken, konnte jedoch nicht mehr einschlafen. Zu viel ging ihm durch den Kopf. Schließlich gab er es eine Stunde später auf und suchte nach Anwälten, die Mia im Ernstfall unterstützen konnten. Er bezweifelte, dass sie wusste, was auf sie zukam, wenn sie unerlaubt Ergebnisse von einer von der Regierung beauftragten Expedition publizierte. Er hatte ja selbst keine Ahnung, hielt es aber für sinnvoll, sich darüber vor seinem Treffen mit dem Reporter zu informieren. Bjarne Dahl hatte bei diesem Deal nichts zu verlieren, aber was war mit Mia?

Beim Recherchieren im Internet konnte Lars keine konkreten Fallbeispiele auftun. Er fand jedoch heraus, dass Mia neben einer Kündigung und der Verweigerung des Doktorgrades auch noch zivilrechtliche und strafrechtliche Konsequenzen drohten. Er musste kein Jurist sein, um sich auszurechnen, dass Euroil alle seine Anwälte darauf ansetzen würde, Mia mundtot zu machen und die Ergebnisse zu diskreditieren. Denen wäre es vollkommen egal, wenn Mia auf einem Berg von Schulden oder, noch schlimmer, im Gefängnis enden würde. Fast bereute Lars es schon, sich mit dem Reporter in Verbindung gesetzt zu haben. Er wollte Mia beistehen und sie unterstützen – aber auch, wenn er sie dabei verlieren konnte? Was würde Mia mit sich anfangen, wenn sie nicht mehr in der Wissenschaft arbeiten durfte? Lars versuchte, sich damit zu beruhigen, dass dies ja nur die theoretischen Konsequenzen waren. Er musste mit einem Anwalt sprechen und sich alles erklären lassen, um wirklich einschätzen zu können, wie viel Mia da riskierte. Eventuell trug auch ihr Professor als ihr Betreuer ein gewisses Risiko mit?

Also verbrachte Lars die nächsten zwei Stunden damit, einen geeigneten Anwalt zu finden. Es war nicht einfach, und zu seiner Enttäuschung schien sich in Bergen niemand auf solche Fälle spezialisiert zu haben. Daraufhin rief Lars kurz nach acht bei einer Kanzlei in Oslo an. Auf ihrer Internetseite hatte die Kanzlei einige Fälle aufgelistet, bei denen sie Klienten vertreten hatte, die Betriebsgeheimnisse ihrer Arbeitgeber zum Allgemeinwohl veröffentlicht hatten. Das schien Lars am ehesten zu passen.

Lars hatte Glück, die Sekretärin stellte ihn gleich durch, und Lars konnte seinen Fall schildern. Der Anwalt, der sich als Leif Olsen vorgestellt hatte, schien durchaus interessiert an Mias Fall. Er versprach, sich Gedanken zu machen, und fragte Lars, ob er am Nachmittag in der Kanzlei vorbeikommen könne. Lars sagte spontan zu, auch wenn ihm in dem Moment noch ganz und gar schleierhaft war, wie er die knapp fünfhundert Kilometer bis dahin zurücklegen sollte, und fragte zudem vorsichtig an, wie viel ihn denn die Recherche und das Treffen kosten würde. Zu seiner Überraschung entgegnete der Anwalt, dass die Vorarbeit kostenlos sei und dass sie sich über seine Spesen am Nachmittag unterhalten könnten.

Sobald Lars aufgelegt hatte, rief er in seiner Firma an und nahm sich einen Tag frei. Die Sekretärin war zwar von seinem spontanen Urlaub wenig begeistert, versprach aber, das Urlaubsformular von seinem Chef unterschreiben zu lassen. Als Nächstes musste Lars herausfinden, wie er am besten nach Oslo kommen würde. Er hatte um 15 Uhr eine Verabredung mit dem Anwalt – mit dem Auto oder Zug würde das knapp werden. Er hatte jedoch Glück und fand einen Last-Minute-Flug, der allerdings schon in gut zwei Stunden vom Flughafen Bergen starten sollte. Der Preis war erstaunlich moderat, sodass Lars gleich buchte und auch einen Rückflug spät am Abend hinzufügte. Einen Tag spontanen Urlaub würde sein Chef noch durchgehen lassen, aber bei zwei müsste er schon einen triftigen Grund vorweisen.

Als Lars auf dem Weg zum Flughafen gerade auf die Schnellstraße einbog, klingelte sein Handy. Er wusste, dass es unvernünftig war, aber er ging ran, es hätte schließlich auch der Anwalt mit irgendwelchen Nachfragen sein können. »Spreche ich mit Lars Haug?« Aus dem Hörer erklang eine fremde Stimme, die, wie sich herausstellte, Bjarne Dahl gehörte. Lars stockte. Sollte er dem fremden Journalisten wirklich von Mia erzählen? Er hatte das Gefühl, als ob er Mia dem Richter auslieferte, wenn er mit Dahl über sie sprach.

»Es geht um Ihre E-Mail von heute Morgen. Ich bin sehr an Ihrer Geschichte interessiert.«

»Es ist ja nicht meine, sondern die meiner Freundin«, antwortete Lars ausweichend.

»Richtig, und Ihre Freundin ist auf der ›Kronprins Haakon‹ in der Antarktis.«

»Genau.«

»Und sie testet den Effekt von Oilex auf Krill.«

»Richtig.«

»Ich muss unbedingt mit Ihrer Freundin sprechen.« Die Aufregung in seiner Stimme war kaum zu überhören.

»Meine Freundin muss zuerst einmal einen Anwalt konsultieren«, stellte Lars klar. Auch wenn Mia das nicht gefallen würde, er würde sie nicht blindlings in ihr Verderben laufen lassen.

»Natürlich, natürlich. Mir liegt natürlich auch zuallererst das Wohl meiner Quellen am Herzen.«

»Ach, wirklich«, konnte Lars sich einen sarkastischen Unterton nicht verkneifen.

»Hören Sie, ich weiß nicht, welches Bild Sie von Journalisten haben, aber ich bin kein abgebrühter Draufgänger, dem es nur um die Story geht. Außerdem haben Sie sich bei mir gemeldet.« Lars konnte hören, wie Bjarne am anderen Ende etwas suchte. »Vielleicht könnten wir uns persönlich treffen, und ich kann Sie von meiner Aufrichtigkeit überzeugen? Ich könnte morgen früh in Bergen sein.«

Ein persönliches Treffen konnte wohl kaum schaden. »Ich bin heute in Oslo, wenn Sie gegen sechs Uhr noch nichts vorhaben, könnten wir uns auch heute Abend zusammensetzen«, schlug Lars vor.

»Das klingt super.« Da kam wieder diese Aufregung durch, die Lars aufhorchen ließ. »Fliegen Sie heute noch zurück? Wie wäre es, wenn wir zu Abend essen und ich fahre Sie anschließend zum Flughafen?«, fragte Bjarne.

»In Ordnung. Wo sollen wir uns treffen?«

Sie besprachen die Details ihres Treffens, bevor Lars auflegte und seine Aufmerksamkeit wieder der Straße widmete. Obwohl er angestrengt nach draußen starrte, nahm er die Autos um sich herum kaum wahr und bog eher automatisch in die Ausfahrt zum Flughafen ein. Während hinter dem Regenschleier vor der Windschutzscheibe der Tower auftauchte, überlegte Lars fieberhaft, wen er um Rat fragen könnte. Mia konnte er auf keinen Fall anrufen – sie hatte ihm in ihrer E-Mail klar gesagt, dass die Telefone vielleicht abgehört wurden. Er ging ihren Freundeskreis durch, doch niemand wollte ihm einfallen, der sich mit wissenschaftlichen Veröffentlichungen auskannte. Wenn er doch nur jemanden hätte, dem er vertrauen konnte und der wirklich primär an Mias Wohlbefinden interessiert war. Lars ging im Kopf auch die Liste seiner Verwandten und Mias Familie durch, doch sie waren beide eher mit Lehrern, Mechanikern und Handwerkern verwandt als mit Anwälten oder Richtern.

In Oslo war der Himmel ebenfalls in ein trübes Grau gehüllt, als Lars am späten Vormittag auf dem Flughafen Gardermoen landete. Er nahm sich ein Taxi in die Innenstadt und überlegte, was er mit den verbleibenden fast drei Stunden bis zu seinem Treffen mit Leif Olsen anfangen sollte. Er war nervös, konnte es kaum erwarten, mit dem Fachmann zu sprechen, und hoffte auf entlastende Ratschläge. Gleichzeitig wurde er das Gefühl nicht los, dass Mia in ihr Verderben lief, ohne sich der Konsequenzen bewusst zu sein. Was, wenn ihr wegen ihres Eifers etwas auf dem Schiff zustieß? Immerhin hatte sie zugestimmt, ihm einmal täglich zu schreiben, sodass er sicher sein konnte, dass sie nicht das gleiche Schicksal wie Henrik ereilt hatte. Ja, es würde ihm guttun, sich ein wenig die Beine zu vertreten. Ziellos schlenderte Lars also durch die Stadt und versuchte, den Nieselregen zu ignorieren, der sich wie eine Maske auf sein Gesicht legte. Er fragte sich, was Mia wohl gerade machte. Ein Blick auf die Uhr verriet ihm, dass sie wahrscheinlich noch im Bett lag. Er bezweifelte allerdings, dass sie nach den vergangenen Tagen ruhig schlafen konnte. Er wünschte, er könnte sie in den Arm nehmen und sie würden alles gemeinsam durchstehen. Selbst ein Telefonat war ihm verwehrt, noch nicht einmal ihre Stimme konnte er hören. Stattdessen lief er planlos durch Oslos Straßen und ließ sich langsam vom Regen durchweichen.

Kurz vor drei wurde es bereits wieder dunkel, und Lars eilte in großen Schritten die Straße hinunter. 120, 132, 148, endlich hatte er das richtige Haus gefunden. Die Villa des Anwalts war nicht prunkvoll, aber das rote Backsteingebäude verströmte doch eine imposante Atmosphäre. Das Büro, in dem Leif Olsen Lars empfing, passte zum Äußeren des Hauses. Die Wände wurden von dunklen Eichenschränken eingenommen. Auf den oberen Regalböden standen alte, gewiss kostbare juristische Werke. Die neueren Bücher und zahlreiche Ordner waren dezent hinter Schranktüren versteckt. Lars nahm dem Anwalt gegenüber Platz und musterte ihn. Seine Schläfen ließen bereits erste Zeichen von grauen Haaren erkennen.

»Schön, dass Sie es so schnell einrichten konnten«, setzte Leif Olsen an und goss Kaffee aus einer dunkelgrünen Kaffeekanne mit elegant geschwungenem Griff in zwei Tassen.

»Das Ganze ist ja auch ziemlich dringlich.«

»Das stimmt. Deshalb will ich auch gleich auf den Punkt kommen. Ich habe mich ein wenig mit dem Fall Ihrer Freundin auseinandergesetzt, und es ist extrem schwierig vorherzusagen, was ihr drohen könnte.«

Lars nickte. Wenigstens machte der Anwalt ihm keine falschen Versprechungen.

»Ich bin gerne bereit, den Fall Ihrer Freundin zu übernehmen, allerdings kann ich Ihnen nicht sagen, ob und weswegen man sie verklagen wird und ob sie ohne Strafe davonkommt. Ihren Job wird sie sicher verlieren, wenn ihr Arbeitgeber mit der Veröffentlichung nicht einverstanden ist, dagegen kann ich nichts ausrichten. Falls Euroil sie wegen Verleumdung oder Veröffentlichung vertraulicher Daten verklagt, kann ich sie vertreten, aber wie so ein Verfahren ausgeht, hängt sehr von den Daten ab, die sie veröffentlichen will. Und davon, wie die Richter die Relevanz der Ergebnisse einschätzen.«

Lars nickte wieder. Mia schien davon überzeugt, dass die Daten für die Antarktiskonferenz essenziell waren. Aber würde sie auch die Richter davon überzeugen können? »Gibt es denn vergleichbare Fälle? Wikileaks oder etwas in der Art?«, wollte Lars wissen.

»Ihre Freundin will ja zum Glück keine verteidigungsrelevanten Staatsgeheimnisse verraten«, entgegnete Olsen.

»Muss sie denn überhaupt mit einer Haftstrafe rechnen?«

»Ich kann Ihnen da wirklich nichts versprechen. Persönlich halte ich das für sehr unwahrscheinlich, aber es ist nicht ausgeschlossen. Meiner Einschätzung nach würde es wohl eher auf eine saftige Geldstrafe hinauslaufen. Vielleicht sollten Sie sich da noch mit den verschiedenen Umweltorganisationen in Verbindung setzen. Manche zahlen zumindest einen Teil solcher Strafen als persönliche Unterstützung.«

»Ist das legal?«

»Das ist es durchaus. Organisationen können selbst entscheiden, wen sie unterstützen. Sie können natürlich nicht direkt die Strafe zahlen, aber die Unterstützung Betroffener ist keine Straftat.«

»Aber Mia wäre dann verurteilt und vorbestraft.«

»Der Vorgang würde in ihrer Akte erscheinen, ja.«

Lars ließ seine Kaffeetasse zwischen den Händen kreisen. Er schwieg eine Weile und dachte über die Worte des Anwalts nach.

Leif Olsen wartete geduldig. Er war durchaus ein selbstkritischer Mann, immer noch erfolgreich in seiner Arbeit, aber der Esprit und die Energie der jüngeren Generation war ihm nunmehr schon vor Jahren abhandengekommen. Er hatte sich längst viel zu sehr an sein bequemes Leben gewöhnt. Eine junge Frau, die bereit war, so viel zu opfern, damit die Wahrheit ans Licht kam – es war ein faszinierender Fall, dachte er. Und wenn ihn auch kaum noch die Euphorie der frühen Jahre antrieb, so konnte er doch mit wesentlich mehr Erfahrung glänzen als seine jüngeren Kollegen. Umso mehr freute es ihn, dass er den Klienten vor ihm und seine Freundin dadurch bei ihrem Vorhaben unterstützen konnte.

»In Ordnung. Ich muss mich natürlich noch mit meiner Freundin absprechen. Aber angenommen, wir engagieren Sie. Wie teuer wird das für uns?«

Leif Olsen sah dem jungen Mann in die Augen. Die meisten seiner Fälle waren eher im Wirtschaftssektor angesiedelt, einen Fall mit einer solch potenziellen Brisanz hatte er noch nicht verteidigt. Sollte es zu einer Verhandlung kommen, war das Interesse der Medien gewiss.

»Ich übernehme Ihren Fall pro bono«, entschied er. In den letzten zwei Jahren hatte er seinen Einsatz für diverse gemeinnützige Organisationen aus Zeitmangel schleifen lassen. Dieser Fall würde ihm nicht nur gute Presse einbringen, sondern ihm auch das Gewissen erleichtern.

Lars sah ihn ungläubig an. »Und das würden Sie uns auch schriftlich geben?«, hakte er vorsichtig nach.

Leif Olsen musste sich ein Lächeln verkneifen. Nach dem, was er über die Freundin seines Klienten gehört hatte, schienen die beiden sich so gar nicht ähnlich zu sein. »Natürlich, ich würde dann mit Ihrer Freundin einen ganz normalen Vertrag aufsetzen. Keine versteckten Kosten«, versicherte er.

»Vielen Dank«, sagte Lars. »Ich werde so schnell wie möglich mit Mia Kontakt aufnehmen und ihr von Ihrem Angebot erzählen«, versprach Lars.

Sie beendeten ihr Gespräch, und Lars hatte noch ein wenig Zeit bis zu seinem Treffen mit Bjarne Dahl. Er suchte sich einen Platz in der hintersten Ecke eines Coffeeshops und packte seinen Laptop aus. Statt Mia direkt von seinem Gespräch zu berichten, recherchierte er Umweltorganisationen, die Mia im Ernstfall bei der Zahlung von Strafen unterstützen konnten. Obwohl er bis kurz vor seinem Treffen mit Dahl konzentriert im Internet suchte, fand er kaum Informationen. Frustriert klappte Lars schließlich den Rechner zu und machte sich auf zum Treffpunkt.

Obwohl ihm der Name aus der Zeitung geläufig war, hatte Lars sich nie genauer mit Bjarne Dahl beschäftigt. Deshalb wusste er auch nicht, wie der Reporter eigentlich aussah, auf den er wie verabredet an der Kreuzung von Strømsveien und Opplandsgata wartete. Der Regen hatte mittlerweile aufgehört, aber die Straßen und Fußwege waren immer noch nass und reflektierten das Licht der Straßenlaternen und Scheinwerfer. Lars studierte jedes männliche Gesicht, das auf ihn zuhielt, aber bis auf das ein oder andere höfliche Nicken bekam er keine Reaktion. Er war erstaunt, als ein Mann seines Alters selbstbewusst auf ihn zu geschritten kam. »Lars?«, fragte er und streckte ihm die Hand entgegen, mit der er zuvor das Band der Umhängetasche festgehalten hatte, die er lässig über die Schulter trug.

»Ja, Bjarne Dahl, nehme ich an?« Lars erwiderte den kräftigen Händedruck. Er hatte sich kaum Gedanken gemacht, aber jemanden in seinem Alter, der aussah, als würde er mit ihm durchaus mal ein Bier nach Feierabend trinken, hatte er nicht erwartet. Bjarnes Haare hingen kraus in sein Gesicht, und er trug eins von diesen Clipbändern um sein rechtes Bein, das Fahrradfahrer nutzten.

»Genau, lass uns bloß aus dem Mistwetter raus«, sagte Bjarne und führte Lars in einen gemütlichen Pub in einer Nebenstraße nicht weit von ihrem Treffpunkt entfernt. Auf dem Weg unterhielten sie sich über Belanglosigkeiten. Lars versuchte, ein genaueres Bild von Bjarne zu bekommen und sich von seiner sympathischen Erscheinung nicht beeinflussen zu lassen. Schließlich ging es hier für ihn ums Geschäft, und Lars musste sicherstellen, dass Mia von diesem Reporter nicht ausgenutzt wurde.

Der Pub, in den Bjarne ihn führte, war fast leer, und sie suchten sich einen Tisch gleich beim Eingang am Fenster, möglichst weit weg von der Theke, wo sich die wenigen Gäste versammelt hatten. Als sie beide mit einem Bier vor sich am Tisch saßen, wurde Bjarne ernst. »Ich will ehrlich zu dir sein: Ich bin seit Beginn der letzten Antarktisverhandlung auf der Suche nach einem Weg, Euroil das Handwerk zu legen. Ich kann nicht verstehen, wie es die internationale Gemeinschaft überhaupt so weit kommen lassen konnte, aber ich kann es einfach nicht mit meinem Gewissen vereinbaren, einen Menschen wie Niels Andersson Profit aus einem der letzten unberührten Ökosysteme schlagen zu lassen.«

»Niels Andersson?«

»Der CEO von Euroil. Ich war als Journalist bei der letzten Verhandlung dabei und habe seine Rede gehört. Der Mann ist ein solches aalglattes Arschloch, der würde auch den letzten Pinguin eigenhändig erschießen, nur um sein Produkt auf den Markt zu bringen.«

»Und dann rufe ich Sie an und erzähle Ihnen von meiner Freundin.«

»Wollen wir nicht zum Du übergehen?«, fragte Bjarne.

Lars nickte widerstrebend. Er hatte sich noch nicht entschieden, ob er Bjarne vertrauen konnte oder nicht.

»Genau, dann rufst du an und erzählst mir, dass deine Freundin genau die Ergebnisse hat, nach denen ich seit Wochen im Internet recherchiere. Von der aktuellen Fahrt sind natürlich keine Publikationen im Netz, also habe ich verzweifelt versucht, andere unabhängige Publikationen aus der Vergangenheit zu finden, nicht nur diese Selbstbeweihräucherungen von Euroil. Aber Fehlanzeige.«

»Mia würde mit einer Veröffentlichung eine Menge riskieren. Nicht nur ihren Job, sondern auch empfindliche Geldstrafen, von Schlimmerem ganz zu schweigen. Euroil könnte ihr eine ganze Armee von Anwälten auf den Hals hetzen.«

»Und genau deswegen müssen wir jedes Wort und jede Enthüllung genau abwägen«, meinte Bjarne. »Mein Ruf steht ebenfalls auf dem Spiel. Ich kann natürlich auch nur Ergebnisse veröffentlichen, hinter denen ich voll und ganz stehen kann.«

»Und was genau heißt das?«

»Dass ich von Mia nicht nur die Originalergebnisse brauche, sondern auch genaue Angaben dazu, wie und wann sie ihre Messungen durchgeführt hat, wie viele Replikate es gibt et cetera. Ich bin zwar kein Wissenschaftler, aber ich bin mittlerweile ganz gut in der Lage, Ergebnisse zu beurteilen. Es liegt auch in Mias Interesse sicherzustellen, dass die Ergebnisse einer wissenschaftlichen Überprüfung standhalten. Ansonsten können wir beide wegen Verleumdung von Euroil verklagt werden.«

Lars nickte. Es beruhigte ihn, dass auch Bjarne mit einer Verleumdungsklage rechnen musste. Das sollte Mia einen besseren Schutz geben. »Ich kann dir heute keine Ergebnisse zeigen«, sagte Lars.

»Natürlich nicht, das hatte ich auch gar nicht erwartet.«

»Ich werde aber mit Mia sprechen«, versprach Lars.

»Ist eure Kommunikation sicher?«

Lars zögerte. »Ja, wir haben eine Methode, sicher zu kommunizieren«, sagte er etwas ausweichend.

»Könnte ich über die gleichen Kanäle direkt mit deiner Freundin kommunizieren?«, wollte Bjarne wissen.

»Das dürfte schwierig werden.« Dass Mia an eine zweite Person Bilder verschickte, barg aus Lars' Sicht ein zu großes Risiko, dass sie bemerkt würden. »Nein, ich glaube, das ist wirklich keine gute Idee. Du kannst mir aber gerne Nachrichten schicken, und ich leite sie an Mia weiter.«

»Ich will dich gar nicht über eure Methoden aushorchen, aber übermittelst du die Nachricht Wort für Wort? Könnte ich quasi über dich ein schriftliches Interview mit ihr führen?«

»Nun ja …« Lars zögerte. »Nicht ganz einfach, aber es könnte gehen. Wir können nur kürzere Nachrichten übermitteln. Es dürfte also kein seitenlanger Fragenkatalog sein. Aber bis zu viertausend Zeichen werden Wort für Wort übermittelt.«

»Das entspricht ja mehr als zwei Normseiten. Das dürfte reichen«, stellte Bjarne fest. »Und du hast bereits die Ergebnisse?«

Lars nickte. »Mia ist aber noch dabei, eine erneute Versuchsreihe durchzuführen, um die Aussagekraft zu stärken.«

»Gut, wir haben ja auch noch zwei Wochen bis zur Konferenz.«

»Angenommen, Mia entscheidet sich dafür, mit dir zusammenzuarbeiten, wie würde dann der Zeitplan aussehen?«

»Wir müssen natürlich vor der nächsten Antarktiskonferenz veröffentlichen. Aber nicht zu früh, das bietet zu viel Angriffsfläche, oder noch schlimmer, die Ergebnisse geraten bis zur Konferenz wieder in Vergessenheit. Am besten ein, zwei Tage vorher. Ich würde auf alle Fälle eine englische Version online stellen, damit auch die Abgeordneten der anderen Länder die Möglichkeit haben, sich über Oilex zu informieren.« Bjarne überlegte eine Weile. »Die Konferenz beginnt an einem Sonntag. Ich würde die Ergebnisse wahrscheinlich am Freitag veröffentlichen. Da wird das Medieninteresse an den neuen Verhandlungen der Antarktiskonferenz bereits geweckt sein, und das gibt den anderen Tageszeitungen und Nachrichtendiensten die Möglichkeit, das Thema am Samstag aufzugreifen. Dann sollte auch der Letzte bis zum Sonntag erfahren haben, was Oilex wirklich anrichtet. Das würde bedeuten, dass ich die Ergebnisse am Dienstag, allerspätestens am Mittwoch bräuchte, also in zehn bis elf Tagen. Bis dahin muss Mia sich entschieden haben.«

Zehn bis elf Tage waren weitaus mehr, als Lars erwartet hatte. Das gab ihm genug Zeit, mit Mia die Risiken zu erörtern. Vielleicht konnte sie bis dahin auch mit dem Anwalt sprechen. Und ihr blieb noch die Möglichkeit, ihre Versuche zu wiederholen. Allmählich sah die Veröffentlichung nicht mehr so bedrohlich aus wie noch vor ein paar Stunden.

»Ich habe heute Nachmittag mit einem Anwalt gesprochen, um zu sehen, was Mia drohen könnte, falls sie die Ergebnisse veröffentlichen sollte. Er meinte, dass es Organisationen gibt, die Leute bei ihren Strafzahlungen unterstützen, wenn sie sich für die Umwelt eingesetzt haben. Hast du davon schon einmal gehört?«

Bjarne grinste. »Da lässt sich garantiert etwas machen, gerade bei derart brisanten Ergebnissen, die die Antarktis und den Krill schützen. Ich habe eine Reihe von Kontakten zu solchen Organisationen, die bestimmt gerne bereit wären, zu helfen.«

Lars sah ihn auffordernd an.

»Ich kann leider keine Namen nennen.«

In Lars stieg sofort wieder ein leiser Groll auf. Natürlich nicht. Sobald es ernst wurde und es um eine Gegenleistung ging, wich er aus.

»Ich kann mich aber in den nächsten Tagen umhören. Es wird euch natürlich niemand schriftlich geben, dass er Mias Strafe übernimmt. Aber ich kann mal anfragen, wer dazu bereit wäre, sie zu unterstützen, sollte es zu einer Verurteilung kommen. Dann melde ich mich wieder bei dir. Vielleicht kann ich auch Kontakte vermitteln.«

Das klang jetzt nach einem fairen Angebot. »In Ordnung. Ich rede mit Mia und du mit den Organisationen.«

Bjarne war froh, dass Lars ihn nicht danach gefragt hatte, was sein Chef von einer Veröffentlichung hielt. Zwar war sein Chef heute auf Geschäftsreise und somit gar nicht im Büro gewesen, Bjarne hatte ihn allerdings auch nicht per Handy oder E-Mail von der potenziellen Story in Kenntnis gesetzt. Er wollte sich erst selbst ein Bild von seinem Informanten machen, bevor er die Idee für die Geschichte weitertrug. Diese Story musste einfach veröffentlicht werden, wenn Mia ihr Einverständnis gab. Bjarne hoffte inständig, dass sein Chef ihn dieses Mal nicht über die Eichhörnchenplage in Südnorwegen schreiben, sondern ihn über die wirklich wichtigen Dinge berichten ließ. Ansonsten musste er zum Chefredakteur gehen. Das würde zwar Konsequenzen nach sich ziehen, aber die würde Bjarne in Kauf nehmen. Er sah seine Zukunft sowieso nicht unter der Knute seines Chefs, warum also nicht für eine wirklich gute Story eine Kündigung in Kauf nehmen? Er konnte Lars gut leiden, und seine Besorgnis um Mia zeigte ihm, dass die beiden sich durchaus darüber bewusst waren, worauf sie sich einließen. Wenn Mia sich trotzdem dazu entschließen sollte, ihm ihre Ergebnisse zur Verfügung zu stellen, musste sie dafür triftige Gründe haben und wirklich an ihre Forschungsergebnisse glauben. Auch deshalb hatte Bjarne die Verleumdungsklage ins Gespräch eingebracht. Er hoffte, dass Lars und Mia auch darüber noch einmal gründlich nachdenken würden. Diese Story könnte Bjarnes lang ersehnter Durchbruch werden. Oder aber seine Karriere beenden, bevor sie richtig begonnen hatte.

13

Sobald Mia am nächsten Tag aufgewacht war, hatte sie nach ihren E-Mails geschaut, hatte aber noch keine Nachricht von Lars in ihrem Postfach gefunden. Sie versuchte, sich einzureden, dass dies ein gutes Zeichen war und dass er jemanden aufgetan hatte, der ihre Geschichte veröffentlichen würde. Ihr neuer Ansatz in Sinjes Labor war nicht angefasst worden, und wie erwartet war ein Großteil des Krills bereits in der ersten Nacht gestorben. Mia beschloss, das als gutes Zeichen zu werten.

Sie nahm die benötigten Proben und ging danach bei Anne vorbei, um zu erfahren, ob sie Neuigkeiten bezüglich der Euroil-Angestellten hatte. Doch Anne hatte noch nichts herausfinden können, wie sie Mia zerknirscht mitteilte. Also schnappte sich Mia ihren Laptop und ging in Sinjes Labor. Hier oben fühlte sie sich sicher. Sie gab die neuen Ergebnisse in ihre Tabellen ein und bemühte sich darum, ihre bisherigen Ergebnisse möglichst einfach aufzubereiten. Sie erwog, eine Grafik zu erstellen, um alles möglichst auf einen Blick präsentieren zu können. Bevor sie allerdings viel Arbeit in Grafiken steckte, wollte sie erst noch Lars' Nachricht abwarten. Um sich in der Zwischenzeit zu beschäftigen, half sie Sinje, einen der Wetterballons steigen zu lassen. Seitdem sie die Wanzen gefunden hatten, drehte Mia sich immer wieder um, wenn sie alleine auf dem Schiff unterwegs war. Mit Sinje an ihrer Seite fühlte sie sich gleich sicherer. Außerdem war es helllichter Tag, und zur Abwechslung strahlte die Sonne von einem blauen Himmel, es würde wohl kaum jemand versuchen, sie bei diesen Sichtverhältnissen von Bord zu stoßen. Die Wahrscheinlichkeit, dass sie rechtzeitig im Wasser entdeckt würde, war einfach zu groß.

Mia schaffte es tatsächlich, sich das erste Mal seit Tagen wieder ein wenig zu entspannen. Während sie den Wetterballon festhielt, damit Sinje ihn mit Helium füllen konnte, betrachtete sie einen antarktischen Sturmvogel. Immer wieder stieß er auf der Suche nach Futter in das eisige Wasser und hinterließ konzentrische Kreise auf der bewegten Oberfläche. Der Ballon zwischen ihren Händen füllte sich immer weiter, bis Mia Mühe hatte, ihn mit beiden Armen zu umschließen. Sinje verknotete das Ende des Ballons und hängte ihre Sensoren an. Diese waren in Styropor verpackt, um sie vor den Elementen zu schützen. Gemeinsam gingen sie zum Heck des Schiffes. Mia musste aufpassen, dass der Fahrtwind ihr den Ballon nicht frühzeitig aus den Händen riss. Als sie hinter dem A-Rahmen standen, hielt Mia auf Sinjes Anweisungen hin den Ballon mit der einen Hand über ihren Kopf, in der anderen hielt sie die Sensoren. Sinje nickte ihr zu, und Mia ließ den Ballon los. Dann sah sie zu, wie der Ballon aufstieg und die Schnur in ihrer Hand abwickelte, bis sie sich schließlich spannte, sodass die Sensoren in die Höhe gerissen wurden. Beide schauten zu, wie die Sensoren und der Ballon in der Höhe immer kleiner wurden.

Als sie im Anschluss wieder ins Labor kamen, leuchtete auf ihrem Bildschirm endlich das langersehnte rote Symbol, das eine neue E-Mail ankündigte. Mia wunderte sich, dass Lars' Nachricht nicht das Wortlimit sprengte, als sie sein Bild decodiert hatte. Sinje las über ihre Schulter gebeugt mit, als Mia sich langsam durch die Nachricht scrollte. Lars erzählte ihr von seinen Begegnungen in Oslo. Er fing mit dem Treffen mit Leif Olsen an, einem Anwalt, der sehr daran interessiert schien, ihr zu helfen. Dann schrieb Lars von seinem Gespräch mit Bjarne Dahl. Mia war erstaunt, dass er den Journalisten dazu gebracht hatte, sich mit ihm zu treffen. Sie hatte immer angenommen, dass er ein recht hohes Tier bei der *Dagsavisen* war. Aber nach Lars' Beschreibung klang er eher wie ein engagierter Reporter am Anfang seiner Karriere. Sie entnahm der Nachricht, dass sie noch zehn Tage hatte, um sich zu entscheiden. Lars riet ihr, erst einmal die Nachfragen von Bjarne bezüglich der Bezahlung ihrer Strafe abzuwarten. Die Frist verschaffte ihr außerdem genug Zeit, ihre neue Versuchsreihe, die bislang ohne Probleme zu laufen schien, vollständig durchführen zu können.

Die nächsten Tage verliefen ruhig. Mia schaffte es nicht nur, den vierten Versuch zu beenden, sondern konnte sogar noch einen fünften Durchlauf starten. Mit den Euroil-Mitarbeitern hatte sie seit dem Fund der Wanzen nicht mehr gesprochen, und bislang hatte ihr auch niemand aufgelauert oder sich ihr gegenüber auffällig verhalten. Anne hatte seit ihrem Gespräch keine Neuigkeiten über die Euroil-Machenschaften herausgefunden und schien so sehr in ihrem Büro beschäftigt, dass Mia sie kaum zu Gesicht bekam. Meist war sie mit Sinje im Schlepptau unterwegs. Sinje brachte sie morgens zu ihrem Labor, holte sie zu den Mahlzeiten ab, und die Abende verbrachten sie auch gemeinsam. Mittlerweile kamen Mia diese Maßnahmen ein wenig übertrieben vor, aber Sinje bestand darauf, dass die Gefahr umso größer wurde, je näher die Konferenz rückte. Doch je ruhiger Mia wurde, desto nervöser schien Sinje zu werden. Ihre Sorge ging so weit, dass sie Mia dazu überredete, sich weder allzu früh noch bis spät in die Nacht hinein im Labor aufzuhalten, damit sie immer in Gesellschaft von Camilla und Erik arbeitete. Die beiden mussten sich teilweise sehr über Mias Verhalten wundern, schoben es aber wohl darauf, dass sie ihren Betreuer verloren hatte, und fragten nicht weiter nach.

Einen Tag vor der Deadline von Bjarne Dahl wachte Mia bereits kurz nach vier Uhr morgens auf. Sie hatte mit Lars vereinbart, dass sie ein paar Fragen per E-Mail beantwortete, sich aber am Nachmittag das Satellitentelefon besorgen würde, um ein kurzes Interview zu geben. Wie sie an das Telefon kommen sollte, war ihr noch nicht ganz klar, aber sie hoffte auf Annes Hilfe. Seit ihrem Gespräch, als Mia sie gebeten hatte, ihre Ergebnisse offiziell vorzustellen, hatte keine von ihnen die Antarktiskonferenz erneut erwähnt. Mia hatte immer noch die leise Hoffnung, dass Anne sich doch dazu bereit erklären würde. Immerhin hatte sie, wenn sie den letzten unvollständigen Versuch mitzählte, ihre fünf Replikate zusammen. Bjarne Dahl war damit sehr zufrieden gewesen, und sie hoffte, dass es auch Anne so ging und dass sie nicht gezwungen sein würde, die Ergebnisse auf eigene Faust zu veröffentlichen. Mit Professor Tindal hatte sie nur noch kurz gesprochen. Er hatte ihr klargemacht, dass er keine Möglichkeit sah, die Ergebnisse rechtzeitig wissenschaftlich zu publizieren, und ihr geraten, sich an die Vertreter der norwegischen Regierung zu halten. Er hatte ihr allerdings vorgeschlagen, einen kurzen Aufsatz über ihre Ergebnisse zu schreiben, in dem sie die Resultate für die Politiker aufarbeitete. Mia hatte also eine zweiseitige Zusammenfassung ihrer Arbeit auf dem Schiff verfasst und von Sinje durchlesen lassen. Zwar war Sinje auch Wissenschaftlerin, aber in einer komplett anderen Disziplin tätig, und Mia hoffte, wenn Sinje ihre Erklärungen einleuchtend fand, würden es auch die Politiker verstehen. Bjarne Dahl hatte eingewilligt, ihren Aufsatz Wort für Wort hinter seinem Artikel zu drucken. So würde ihre Zusammenfassung auf alle Fälle erscheinen – mit oder ohne Annes Hilfe.

Allerdings lief die Frist bald ab, und Mia beziehungsweise Anne musste sich entscheiden. Mia war nicht so nervös wie beim letzten Mal, als sie jetzt wieder an Annes Schreibtisch stand und sie um ein Gespräch bat. Sie warf einen kurzen Seitenblick auf die Euroil-Leute, die alle vor ihren Laptops saßen. Per sah kurz auf und lächelte ihr freundlich zu. Mia versuchte, freundlich auszusehen, als sie ihm zunickte, wandte sich dann aber schnell wieder ab, damit er nicht das Misstrauen in ihrem Gesicht erkannte.

»Tut mir sehr leid, ich versuche wirklich mein Bestes, den Euroil-Leuten etwas nachzuweisen, aber die sind einfach verdammt gut darin, ihre Spuren zu verwischen. Vielleicht hatten die sogar Hilfe aus Norwegen, ich könnte mir vorstellen, dass die Verschwörung nicht nur die vier betrifft«, begann Anne ohne Umschweife mit ihren Erklärungen, sobald sie alleine waren.

»Das ist jetzt nicht mehr so wichtig.«

Anne sah ehrlich überrascht aus. »Wieso nicht?«

»Weil ich einen vierten Versuch erfolgreich abschließen konnte und mit dem fünften jetzt ungefähr bis zur Hälfte gekommen bin. Ich habe genug Ergebnisse, um mit Sicherheit belegen zu können, wie schädlich Oilex für den antarktischen Krill ist.«

»Und da bist du dir sicher?«, hakte Anne nach.

»Zu einhundert Prozent«, versicherte Mia voller Überzeugung. »Du meintest beim letzten Mal, dass du versuchen willst, die Ergebnisse bei der Konferenz vorzustellen, wenn ich genügend Absicherung habe.«

»Stimmt, das hatte ich gesagt. Es ist nur so …« Anne schaute Mia bedauernd an. »Ich habe mich die letzten Tage viel mit meinen Kollegen hier an Bord und auch in Bergen besprochen. Wir hatten quasi ein Meeting nach dem anderen, auch nachts, weil die Herren in Bergen natürlich lieber tagsüber arbeiten wollten.«

Mia ahnte, was als Nächstes kommen würde.

»Es tut mir wirklich leid. Aber ich konnte die anderen nicht davon überzeugen, dass wir deine Ergebnisse bei der Konferenz präsentieren sollten. Hättest du fünf vollständige Wiederholungen gehabt, wäre das etwas anderes gewesen, aber bei einer derart wichtigen internationalen Konferenz können wir leider keine vorläufigen Ergebnisse präsentieren. Und du hattest dich mit den Euroil-Mitarbeitern nun einmal auf fünf vollständige Versuche geeinigt.«

Mia wurde das Gefühl nicht los, dass die norwegische Regierung sie nur zum Schein hierhergeschickt hatte. Um der Welt zu zeigen, dass man sich um die Umwelt sorgte und dass man sich keine Gedanken wegen Oilex machen musste.

»Außer dir hat zudem niemand sonst negative Effekte feststellen können. Würde es auch die Fische oder das Plankton betreffen, wäre das sicher noch etwas anderes, aber so ist es nur eine einzige Spezies.«

Mia wurde klar, dass sie nicht länger mit Anne zu diskutieren brauchte. Stattdessen nahm sie sich vor, in ihrer Ergebnisdarstellung noch einmal zu erklären, was eine *keystone species* war und warum das Ökosystem ohne solche Schlüsselspezies komplett zusammenbrechen würde. Und dass man davon ableiten konnte, dass eben nicht nur der Krill, sondern auch Fische und die in der Öffentlichkeit so populären Wale und Pinguine massiv unter einer Verschmutzung durch Oilex leiden würden. Sie war sich darüber im Klaren, dass es unsinnig war, Anne davon zu erzählen. Sie und ihre Kollegen hatten offenbar schon ihre Entscheidung getroffen. Genau wie Mia. Heute Morgen, als sie schlaflos im Bett lag, hatte sie noch mit sich gehadert, ob sie wirklich ihre Zukunft für diese Sache aufs Spiel setzen sollte. Als sie den Ärger über Annes Ignoranz in sich aufsteigen spürte, wurde ihr allerdings klar, dass sie nicht mehr in den Spiegel würde schauen können, wenn sie die Öffentlichkeit nicht vor der Gefahr von Oilex warnte.

»In Ordnung, trotzdem danke, dass du es versucht hast«, presste sie so ruhig es ihr möglich war heraus. Es hatte freundlich klingen sollen, hatte jedoch selbst in Mias Ohren einen eher feindseligen Ton. »Du hast ein Satellitentelefon, oder?«

»Ja, warum?«

»Kann ich mir das heute Nachmittag ausleihen?«

»Und wozu?«

Auf der einen Seite widerstrebte es Mia, Anne von ihrem Interview zu erzählen, andererseits würde sie sich selbst zusammenreimen können, weswegen Mia eine sichere Verbindung brauchte. »Ich werde die Ergebnisse veröffentlichen. Dazu muss ich aber noch ein kurzes Interview geben.«

Von den E-Mails an Bjarne Dahl erzählte sie nichts. Sie wollte nicht, dass Anne am Ende noch den Kapitän dazu brachte, ihre E-Mails abzufangen.

»Oh … wow, du ziehst das also echt durch?« Mia nickte. »Weißt du überhaupt, worauf du dich da einlässt? Euroil wird dich die nächsten zehn Jahre mit Klagen bombardieren.«

»Das muss ich in Kauf nehmen«, erwiderte Mia selbstsicherer, als sie in Wirklichkeit war.

»Und was ist mit den Euroil-Mitarbeitern hier? Hast du keine Angst, dass sie sich an dir rächen könnten? Immerhin wissen wir bis heute nicht, was mit Henrik wirklich passiert ist.«

Darüber nachzudenken hatte Mia konsequent vermieden. Sie konnte sich allerdings nicht vorstellen, dass man sie aus dem Weg schaffen würde, wenn der Schaden bereits angerichtet war, zumal damit ein nicht unerhebliches Extrarisiko verbunden war. Vielleicht hatte einer von ihnen Henrik über Bord gestoßen, um die Versuche zu vertuschen, aber im Nachhinein? Das traute Mia selbst Åke nicht zu. »Ich kann mir nicht vorstellen, dass die mich wirklich angreifen würden. Ich werde aber trotzdem während der nächsten Tage besonders vorsichtig sein«, versprach sie.

»Hmm.« Anne schien eine Weile nachzudenken. »In Ordnung, du kannst mein Satellitentelefon haben«, versprach sie. »Aber es besteht immer noch die Möglichkeit, dass die Euroil-Leute das Gespräch abhören und am Ende die Veröffentlichung des Artikels verhindern. Vielleicht solltest du besser nicht direkt vom Schiff aus telefonieren.«

»Sondern?«

»Ich könnte zwei Matrosen organisieren, die dich auf einem Schlauchboot ein wenig abseits des Schiffes, außerhalb der Reichweite von Signalstörungen und Abhörgeräten, bringen. Offiziell könntest du noch andere Proben holen, als Kontrolle für deine Versuchsreihen.«

»Vielen Dank, das wäre großartig.« Mit so viel Unterstützung von Anne hatte Mia gar nicht mehr gerechnet. Ganz wohl war ihr zwar nicht bei dem Gedanken, sich auf irgendeiner Nussschale vom vergleichsweise sicheren Schiff zu entfernen. Aber andererseits schien es ihr die einzige realistische Möglichkeit, die Gefahr, doch abgehört zu werden, zu bannen.

»Wann ist dein Interview?«

»Um zwei.«

»In Ordnung, dann sei Viertel vor zwei auf dem Deck. Ich organisiere den Rest.«

Mia war erleichtert. Jetzt hatte sie zumindest inoffiziell auch Anne auf ihrer Seite, und in wenigen Tagen würden die Ergebnisse publiziert werden. Die Öffentlichkeit und Politiker würden rechtzeitig von ihren Ergebnissen erfahren. Und mit der Unterstützung von Anne und Sinje an Bord fühlte Mia sich sicher.

Vor ihrem Interview änderte Mia ihren Aufsatz noch ein wenig ab und schickte ihn codiert in einem Bild an Lars. Sie schickte ihm noch ein zweites Bild, in dem sie die

Fragen von Bjarne Dahl, die sie vor ein paar Tagen bekommen hatte, schriftlich beantwortete. Sie wusste nicht genau, warum sie auch noch ein Telefonat mit ihm führen sollte, aber sie wollte, dass mit der Veröffentlichung nichts schiefging und hatte deshalb zugestimmt. Dank Anne brauchte Mia sich jetzt um nichts weiter zu kümmern.

Aufgeregt ging Mia gegen halb zwei in ihre Kabine und zog sich für einen Ausflug auf dem Schlauchboot entsprechend an. Sie holte die dicke Winterjacke aus dem Kleiderschrank und zog die gefütterte Hose über ihre Jeans. Fünf Minuten vor der vereinbarten Zeit stand Mia auf dem Deck und wartete. Sie fragte sich, ob Anne mit ihrer Ausrede für weitere Proben ein Schlauchboot für sie organisiert hatte. Aber vielleicht mussten Vertreter der norwegischen Regierung auch gar keinen Grund angeben, wenn sie ein Schlauchboot wollten?

Im Laufe des Tages war Nebel aufgezogen, und die Sicht reichte kaum hundert Meter weit. Mia wusste nicht, ob das den Empfang des Satellitentelefons beeinflusste, aber zumindest bot es ihnen mehr Sichtschutz. Gleichzeitig änderte sich aber auch die Atmosphäre, und das Wasser sah eher bedrohlich als einladend aus. Mia schalt sich in Gedanken. Im Schlauchboot, weit weg von den Euroil-Leuten, wäre sie so sicher wie seit Tagen nicht, Nebel hin oder her. Das Büro der Euroil-Mitarbeiter hatte Fenster zum Bug. Wenn sie mit dem Boot also in Richtung Heck des Schiffes fuhren, konnten sie nicht zufällig von ihnen entdeckt werden.

Jemand berührte Mia von hinten an der Schulter. Sie fuhr erschrocken herum, aber es war zum Glück nur Terje, einer der Matrosen. Ohne viele Worte zu verlieren, führte er sie ein Deck weiter hinunter und durch einen Lagerraum. Hinter der Tür lag ein weiterer kleiner, leerer Raum. Fred, der andere Matrose, stand schon bereit, auch er in eine dicke Jacke und dicke Hosen gehüllt. Mia fragte sich gerade, was sie in diesem Kabuff sollte, als Fred eine schwere Eisentür öffnete, die fast die Hälfte der Wand einnahm und den Blick nach draußen freigab. Die fast spiegelglatte Wasseroberfläche lag ungefähr zwei Meter unter ihnen. Fred machte sich daran, eine winzige Strickleiter mit nur drei Sprossen am Boden zu befestigen. Mia zog ihren Schal enger, damit die eisige Luft nicht an der Haut an ihrem Hals zwicken konnte.

Wenig später wurde nach einem Zeichen von Terje von einem der oberen Decks ein Schlauchboot heruntergelassen. Langsam schwebte es in ihr Blickfeld und wurde schließlich mit einem leisen Klatschen zu Wasser gelassen. Zunächst stieg Terje ein, dann kletterte Fred die kleine Strickleiter hinab. Beide Matrosen halfen anschließend Mia ins Boot. Die Eisentür ließen sie offen, und die Strickleiter baumelte sachte über den Wellen, die der Motor des Schlauchboots verursachte, während sie sich langsam vom Schiff entfernten. Der Lärm ihres kleinen Außenbootmotors durchschnitt die Stille. Mia hatte sich auf eine Holzkiste gesetzt, die fast das gesamte Schlauchboot einnahm, und hielt sich an den Seilen fest, die über die Seiten des Schlauchboots gespannt waren. Terje lenkte das kleine Boot geschickt durch das Wasser am Heck des Schiffes vorbei. Sie fuhren so weit, dass sie die »Kronprins Haakon« nur noch schemenhaft durch den Nebel ausmachen konnten. Dann stellte Terje den Motor ab, und Mia wünschte sich fast, er hätte den lärmenden Außenborder angelassen. Denn jetzt senkte sich eine Stille über das Wasser, die fast noch unheimlicher war. Sogar das Brummen der Motoren, das auf der »Kronprins Haakon« allgegenwärtig war, wurde hier vom Nebel verschluckt.

»Vielen Dank für eure Hilfe, Leute, ich weiß das wirklich zu schätzen«, bedankte sich Mia bei den beiden Matrosen. »Könnte ich jetzt bitte das Telefon haben?«

Die Matrosen wechselten einen undurchdringlichen Blick. Mia bildete sich ein, dass ihre Gesichter sich verfinsterten. »Jetzt sagt bloß nicht, ihr habt das Telefon vergessen«, versuchte sie zu scherzen.

Keiner der beiden verzog auch nur eine Miene.

»Tut uns leid, aber du wirst nicht telefonieren können«, meinte Terje. Er sah so aus, als ob es ihm ehrlich leidtun würde. Auch Fred sah bedauernd drein.

»Okay, warum sind wir dann hier rausgefahren?«, fragte Mia und atmete schneller.

Keiner der Männer schien ihr antworten zu wollen.

»Was ist hier los?« Mia konnte die Panik in ihrer Stimme jetzt nicht mehr verbergen. Die Kälte kroch langsam in ihre Handschuhe. Ihre Fingerspitzen fühlten sich schon ganz taub an, doch der Blick, den die beiden Matrosen wieder tauschten, ließ Mia noch viel heftiger frösteln.

»Wir sollen dich ...«, fing Terje an, stockte jedoch.

»... loswerden«, setzte Fred hinterher, als Terje nicht in der Lage war, den Satz zu vollenden.

»*Was?*« Mias Gedanken begannen zu rasen. »Haben euch die Euroil-Typen angeheuert? Habt ihr meine Versuche manipuliert? Wart ihr es, die Henrik über Bord gestoßen haben?«, platzte es aus ihr heraus.

»Nein, nein und nein. Du bist vollkommen auf der falschen Fährte«, sagte Fred.

»*Das* ist deine erste Reaktion auf die Ansage, dass wir dich umbringen sollen?«, fragte Terje fassungslos.

»Gibt es denn eine richtige Reaktion?«, schoss Mia zurück. Sie war so wütend auf die beiden und auf Euroil, dass für Angst gar kein Platz mehr blieb. »Was habt ihr mit mir vor?«

Fred zog eine Waffe aus seiner Jackentasche. Als er den Lauf der Pistole auf Mia richtete, wurde ihr schlagartig bewusst, dass sie wirklich in ernsthafter Gefahr schwebte. Für einen Moment fragte sie sich, wie viel die beiden Matrosen wohl dafür bekamen, sie zu erschießen, und ob sie auf diese Weise auch Henrik erledigt hatten, selbst wenn sie es nicht zugeben wollten. Das Adrenalin, das ihren Körper durchflutete, sorgte dafür, dass sich ihre Muskeln anspannten. Aber Mia verstand, dass ihre Situation ausweglos war. Selbst wenn sie es schaffen sollte, die beiden Matrosen, die ihr wahrscheinlich dreimal überlegen waren, zu überwältigen, was dann? Fred, obwohl ein alter Hase, hatte vorhin schon Probleme gehabt, den altersschwachen Außenbordmotor zu starten, wie sollte Mia den dann anbekommen? Und wenn sie es wider Erwarten zurück aufs Schiff schaffen sollte, würden da wahrscheinlich schon die Schergen von Euroil auf sie warten und den Job endgültig zu Ende bringen. Egal was sie machte, es gab kein Entkommen. Ihr wurde schmerzhaft bewusst, wie weit entfernt sie von jeglicher Zivilisation waren.

»Wer von denen hat euch angeheuert?« Mia wollte wenigstens wissen, wer das alles zu verantworten hatte. Sie hätte ihr Leben darauf verwettet, dass es Åke war.

Wenn ihr Leben jetzt überhaupt noch etwas wert war. Der Name, den Mia hörte, brachte sie jedoch völlig aus dem Konzept.

»Anne«, antwortete Fred.

»Was?« Fast hätte Mia gelacht, wenn nicht gerade eine Waffe auf sie gerichtet gewesen wäre.

Fred verzog keine Miene, straffte stattdessen seine Schultern und richtete die Pistole in seinen Händen aus.

»Das kann doch überhaupt nicht sein.«

»Anne hat uns beide erpresst, um dich loszuwerden.«

Mias Gehirn weigerte sich, die Informationen zu verarbeiten. Bis jetzt hatte alles irgendwie einen Sinn ergeben, war auf absurde Art und Weise logisch gewesen, nur dass sie den Euroil-Leuten nichts nachweisen konnte. Aber Anne? Mias Gedanken überschlugen sich. Anne war als Beobachterin von der Regierung abgesandt, neutraler konnte man auf dem Boot nicht sein. Was hätte sie denn davon?

»Das verstehe ich nicht«, murmelte Mia mehr zu sich selbst als zu Fred oder Terje.

»Hör mal zu«, setzte Terje an. »Anne erpresst uns, deswegen sind wir mit dir hier rausgefahren. Aber wir sind keine Mörder. Wir …«

»Dann solltet ihr vielleicht keine Waffe auf mich richten«, unterbrach ihn Mia sarkastisch. Sie wusste nicht, woher sie überhaupt die Kraft nahm, so ruhig zu bleiben und nicht auf Knien um ihr Leben zu betteln.

»Wir wollen dir helfen«, fuhr Terje unbeirrt fort. »Wir denken allerdings, dass es für dich und auch für uns sicherer ist, wenn Anne denkt, dass du tot bist. Ansonsten wird sie das vielleicht selbst übernehmen, und dann wird das für dich garantiert anders verlaufen.«

Mia versuchte gar nicht erst, mit den Wendungen in den letzten Minuten mitzuhalten. Ihr Gehirn schien schlichtweg außerstande zu sein, das alles zu verarbeiten.

»Wir haben einen Plan, und wenn wir uns alle drei dran halten, dann kommen wir vielleicht heil aus der ganzen Sache raus«, erklärte Fred. Beide Matrosen schauten Mia mit einem Blick an, der keine Widerworte duldete.

Mia war immer noch völlig überfordert und begriff nicht wirklich, was vor sich ging.

»Also wollt ihr mich nicht erschießen?«

Zu ihrer großen Erleichterung schüttelten beide Matrosen vehement die Köpfe. Auch sie schienen erleichtert, dass Mia sich langsam fasste. Fred erläuterte ihr in allen Einzelheiten den Plan, den die beiden sich ausgedacht hatten. In Mias Ohren klang alles nach einem schlechten Film, aber was blieb ihr anderes übrig? Es war ihre einzige Chance.

Fred drehte sich noch einmal prüfend zur »Kronprins Haakon« um. Durch den Nebel verriet nur ein dunkler Schatten, wo sich das Schiff befand. Terje holte ein Fernglas aus der Jackentasche und richtete es auf das Schiff. »Man erkennt auch mit Fernglas nichts«, verkündete er.

Fred zielte mit der Pistole auf die Wasseroberfläche und gab einen Schuss ab. Auch wenn Mia den Schuss erwartet hatte, zuckte sie erschrocken zusammen. Der Knall verebbte ohne jegliches Echo im wabernden Nebel, und an seine Stelle trat erneut die gespenstische Stille.

»Zieh deine Jacke und Hose aus«, befahl Fred, als er die Waffe wieder zurücksteckte. Terje öffnete die Kiste und holte einen großen Plastiksack hervor. Der Sack war mit Schaumstoff gefüllt. Fred und Terje legten noch ein paar Bleigewichte hinein, die sie mitgenommen hatten. Dann zogen sie Mias Jacke und Hose über den Plastiksack. Der kalten Luft ausgesetzt, fing Mia schnell an zu frieren. Sie wickelte den Schal um ihren Oberkörper, aber auch das half nur bedingt gegen die eisigen Temperaturen. Am Morgen hatte das Thermometer in Sinjes Labor minus sieben Grad Celsius angezeigt.

»Tut mir leid, in der Kiste war kein Platz mehr für andere Kleidung für dich. Aber ich habe dir Decken reingelegt«, meinte Terje und deutete auf die Kiste, die wohl für sie gedacht war.

Mia schauderte, nahm sich dann aber eine der Decken und wickelte sie eng um ihren Körper. Dann legte sie sich in die Kiste.

»Keine Sorge, bald kannst du wieder da raus«, versprach Terje. Sein schiefes Lächeln war das Letzte, das sie sah, bevor sich der Deckel über ihr schloss. Nur langsam gewöhnten sich ihre Augen an die Dunkelheit. Durch einige Schlitze in den Holzbrettern drangen vereinzelte Lichtstrahlen und frische Luft.

»Könnt ihr mich noch hören?«, fragte sie.

»Ja, wir können dich hören. Alles in Ordnung?«, fragte Fred.

Die Kiste bot wenig Platz. Mia lag auf der Seite mit angewinkelten Beinen, in denen es schon zu kribbeln begann. Ihr Rücken war gegen die eine Seite der Kiste gepresst, ihre Knie stießen gegen die andere. Mia versuchte verzweifelt, nicht an einen Sarg zu denken.

»Solange wir auf dem Schlauchboot sind, können wir noch in Ruhe mit dir reden. Sobald wir aber in die Nähe des Schiffs kommen, darfst du keinen Mucks mehr von dir geben, verstanden?«

Mia nickte, bevor ihr klar wurde, dass die beiden sie nicht sehen konnten. »Verstanden.«

»Gut, wir werden jetzt den Motor starten und zurück zum Schiff fahren. Wir werden so vorsichtig wie möglich sein. Aber pass trotzdem auf deinen Kopf auf.«

Mias Kopf lag zwischen ihren angewinkelten Armen. Sie spürte eine leichte Vibration, als einer der beiden Matrosen den Motor startete. Dann setzte sich das Boot mit einem leichten Ruck in Bewegung.

Mia wurde ordentlich durchgeschaukelt. Sie verharrte in ihrer Stellung und presste sich noch stärker mit dem Rücken an die Holzbretter, um nicht hin und her geschlagen zu werden. Nach einer Weile wurde das Schaukeln stärker und das Motorengeräusch leiser.

»Kannst du sie sehen?«

»Jep, und sie hat uns auch entdeckt. Schmeiß sie ins Wasser.«

Für einen kurzen Moment verkrampfte sich Mias ganzer Körper, als ihr der Gedanke kam, dass Fred und Terje jetzt die Kiste über Bord wuchten könnten. Sie würde lieber erschossen werden, als in einer dunklen Holzkiste zu ertrinken. In dem Moment hörte sie ein lautes Platschen und atmete erleichtert auf.

»Anne scheint zufrieden zu sein«, hielt sie Terje auf dem Laufenden. »Sie hat jedenfalls genickt.«

Fred drehte den Motor auf, und das Schaukeln nahm wieder ab, als er das Boot geschickt durch das Wasser manövrierte. Trotzdem wurde Mia übel. »Wisst ihr, warum sie mich loswerden wollte?«, fragte Mia, um sich abzulenken.

»Nein, sie hat nichts gesagt«, meinte Terje.

»Wir hatten auch keine Wahl«, fügte Fred hinzu.

Mia fühlte, wie die Übelkeit zunahm. Sie brachte ihren Mund vor eine der größeren Spalten zwischen den Holzbrettern und versuchte, die frische Luft möglichst tief einzuatmen, während sie langsam und konzentriert bis hundert zählte. Nach einer gefühlten Ewigkeit wurden die Motorengeräusche wieder leiser, und das Schaukeln nahm zu.

»Ab jetzt musst du absolut still sein. Wir lassen die Kiste im Boot, ich komme dich dann heute Abend holen«, murmelte Terje, sodass Mia ihn kaum durch die Holzbretter verstehen konnte. Sie wagte es nicht, ihm zu antworten, lauschte nur darauf, wie die Matrosen sich gegenseitig Befehle zuriefen, dann hörte sie, wie die schweren Stiefel von Fred und Terje auf dem Schiffsboden aufkamen, als sie wieder an Bord stiegen. Kurze Zeit später fuhr ein Ruck durch das Schlauchboot, und die Wellenbewegungen hörten schlagartig auf. Das Boot wurde nach oben gezogen. Mia versuchte, nicht darüber nachzudenken, dass sie in einer Holzkiste in einem winzigen Schlauchboot an der Seite eines Schiffs mitten im Südlichen Ozean hing. Der Kran setzte das Schlauchboot recht unsanft auf dem Deck ab, und Mia war froh, dass sie ihren Kopf zwischen den Armen geschützt hatte. Ihre Ellenbogen würden blaue Flecke davontragen, aber ansonsten war sie unversehrt. Mia zog die Decken enger um ihren Körper und versuchte, ihr linkes Bein ein wenig zu entlasten, das inzwischen taub geworden war.

Die nächsten Stunden blieb sie still in der Kiste liegen, allein mit ihren Gedanken. Sie konnte sich immer noch keinen Reim darauf machen, warum Anne sie loswerden wollte. Womit hatte Anne Fred und Terje erpresst? Und wurde Anne von Euroil erpresst? Oder bestochen? Mia weigerte sich zu glauben, dass ihre angebliche Freundin nur aus Geldgier gehandelt haben sollte. Sie machte sich Sorgen um Lars. Dass sie nicht mit Bjarne Dahl telefoniert hatte, musste er mittlerweile mitbekommen haben. Er war wahrscheinlich krank vor Sorge. Er würde mit Sicherheit Alarm schlagen und alle Hebel in Bewegung setzen, zu erfahren, was mit ihr passiert war. Sobald sie hier raus war, musste sie ihm unbedingt eine Nachricht zukommen lassen. Sie fragte sich, ob er und Bjarne trotzdem den Artikel veröffentlichen würden. Sie konnte es nur hoffen. Lars wusste ebenso wie Mia, wie wichtig es war, die Öffentlichkeit über die Gefahren von Oilex aufzuklären. Er würde die richtigen Entscheidungen treffen.

Der Nebel musste sich im Laufe des Nachmittags aufgelöst haben. Das Licht, das durch die Bretter drang, war immer weicher geworden und ging bereits ins Orange über, als sich jetzt jemand an der Kiste zu schaffen machte.

»Terje?«, fragte Mia leise. Ihre Stimme war kratzig. Sie erhielt keine Antwort.

Sofort war Mia in Alarmbereitschaft. Sie versuchte, ihre Decken zurückzuschlagen, um die Arme und Beine frei zu bekommen. Obwohl ihre Extremitäten nach dem langen Liegen ganz steif waren, würde sie bis zum letzten Atemzug kämpfen. Doch als sich der Deckel öffnete, beugte Terjes Gesicht sich über sie.

»Alles in Ordnung hier drin?«, fragte er leise.

Mia ließ erleichtert die Luft entweichen, die sie in kampfbereiter Stellung angehalten hatte.

»Komm raus hier.« Terje musste ihr helfen. Mia konnte sich nur mit Mühe alleine aufsetzen, aber als sie versuchte, sich hinzustellen, verweigerten ihre Beine den Dienst. Terje schloss die Kiste und setzte Mia darauf, sodass sie ihre Beine eins nach dem anderen ausstrecken konnte. Sie brauchte dazu die Hilfe ihrer Arme, die sich ebenfalls anfühlten, als gehörten sie nicht mehr zum Rest ihres Körpers. Ihre Beine baumelten über den Rand des Schlauchbootes, und mit den Füßen konnte sie fast einen der Container berühren, zwischen denen das Boot stand.

Terje gab ihr seinen Helm und seine Jacke. Zusammen mit seiner viel zu großen Hose sah Mia auf den ersten Blick wie ein Mitglied der Decksbesatzung aus. »Halt deinen Kopf immer schön nach unten gerichtet, damit dein Gesicht von den Kameras nicht aufgenommen wird.«

Mia nickte.

»Meine Kabine ist auf Deck fünf, steuerbord, Richtung Heck. Und lass dich von niemandem sehen, alle denken, du wärst tot.«

»Was habt ihr gesagt?«, wollte Mia wissen.

»Dafür haben wir jetzt keine Zeit, das können wir dir nachher erzählen. Um die Ecke wartet Fred, der nimmt dich in Empfang und sorgt dafür, dass die Flure leer sind. Ihr zwei wartet in meiner Kabine, bis ich wieder da bin.«

»Und du bist gleich hinter uns?«

»Nein, ich werde noch ein oder zwei Stunden warten, falls jemand dieses Deck per Kamera überwachen sollte. Es würde Anne wohl stutzig machen, wenn nur ein Mann hinter den Containern verschwindet, aber zwei wieder dahinter erscheinen.«

Am liebsten wäre Mia wieder zurück in die Kiste gekrochen. Dort hatte sie sich zumindest halbwegs sicher gefühlt. Was, wenn sie Anne direkt in die Arme liefen? Dieses Mal würde sie sicher kein Risiko eingehen und die Arbeit selbst erledigen.

»Jetzt los, wir haben nicht ewig Zeit. Im Moment sind alle beim Abendessen, aber schon bald werden die Ersten fertig sein.«

Mia nickte und stellte sich auf ihre wackeligen Beine. Ihr wurde schummrig, und sie fühlte die Übelkeit zurückkehren. Mit einer Hand am Container setzte sie vorsichtig einen Fuß vor den anderen. Wider Erwarten verlor sie nicht das Bewusstsein, und auch wenn sie immer noch unsicher auf ihren Beinen war, verblassten die schwarzen Punkte vor ihren Augen allmählich.

»Gut, ich bin so weit«, sagte sie, mehr um sich selbst zu ermutigen.

»Pass auf, und bis nachher.« Terje klopfte ihr auf die Schulter und setzte sich mit einer Zigarette auf die Holzkiste.

Als Mia um die Ecke trat, erblickte sie schon Fred, der sie ungeduldig zu sich heranwinkte. »Wieso hat das denn so lange gedauert? Die Ersten sind schon vom Abendessen zurückgekommen und rauchen auf der Steuerbordseite.«

Ohne ein weiteres Wort zu verlieren, drehte Fred sich um und führte Mia in den Gang vor den Laboren. Mia hielt ihren Kopf so tief gesenkt wie möglich. Unter dem gelben Sonnenschutz des Plastikhelms konnte sie nur Freds schmutzige Stiefel und den Saum seiner Hose erkennen. Mia hatte das Gefühl, als könnte durch jede der Türen, die sie passierten, gleich jemand herausspringen.

Womöglich hatte Anne noch weit mehr Personen erpresst oder bestochen? Mias Herz schlug immer schneller in ihrer Brust, als sie sich bewusst wurde, wie angreifbar sie hier im Flur war. Selbst wenn sie Fred auf ihrer Seite hatte, was würde er schon gegen mehrere Angreifer ausrichten können? Die helle Beleuchtung des Flurs machte es nur noch schlimmer, und Mia kam sich vor, als wäre ein Suchscheinwerfer auf sie gerichtet. Sie musste sich zusammennehmen, um nicht ihre Schritte zu beschleunigen und an Fred vorbeizurennen.

Durch den ersten Korridor kamen sie jedoch ohne Probleme, und auch im Treppenhaus hielt sie niemand auf. Fast hatten sie es bis zu Terjes Kabine geschafft. Fred beschleunigte sein Tempo, und Mia hatte Mühe mitzuhalten. Fast im Laufschritt nahmen sie die letzten Treppenstufen hoch zu Deck fünf. Mia konnte die Sicherheit, die Terjes Kabine ausstrahlte, förmlich spüren, gleich hatten sie es geschafft. Sie wollte gerade durch die Tür Richtung steuerbord in den Flur vor Terjes Kabine einbiegen, als sie hart mit dem Kopf gegen Freds Rücken stieß. Er war abrupt im Durchgang stehen geblieben. Der Helm milderte den Aufprall für Mias Kopf. Das Gleiche konnte man wohl nicht für Freds Rücken sagen. Er stieß ein unterdrücktes Stöhnen aus. Mia blickte kurz auf, aber Fred versperrte ihr die Sicht. Er schien jemanden im Flur zu beobachten. Mia horchte angestrengt.

»Hey, solltest du nicht längst im Maschinenraum sein?«, fragte Fred. Er bekam eine mürrisch gebrummte Antwort, die Mia nicht verstand. Fred schubste sie in Richtung des gegenüberliegenden Durchgangs. Gerade noch rechtzeitig, denn im nächsten Moment hörte Mia Schritte um die Ecke biegen. Schwere Stiefel polterten die Treppen hinunter. Mia wagte es nicht, sich umzudrehen. Sie traute sich auch nicht, den Gang entlangzuschauen, in dem sie jetzt stand, und schlich stattdessen mit weiterhin geducktem Kopf wieder zurück ins Treppenhaus, sobald die polternden Schritte ein Deck unter ihnen erreicht hatten.

»Los«, raunte Fred ihr zu, und Mia folgte ihm weiter. Ein paar Sekunden später hielt er ihr die Tür zu der sicheren Kabine auf. Erleichtert setzte Mia sich auf den einzigen Stuhl in der Kabine. Ihre Beine zitterten so stark, dass sie ihnen nicht mehr traute.

»Das wird wohl einen blauen Fleck geben.« Fred massierte sich vorsichtig den Rücken.

»Tut mir wirklich leid, ich hatte meinen Kopf einfach zu tief gehalten.«

»Ja, ja, schon gut.«

»Und jetzt warten wir auf Terje?«

Fred nickte, und sie schwiegen beide. Nach einer Weile ertrug Mia die angespannte Stille nicht länger. »Du kannst auch auf ein Bier nach draußen gehen«, schlug sie deshalb vor.

»Terje meinte, ich soll dich nicht allein lassen.«

»Aber hier in der Kabine bin ich sicher. Außerdem, würde es nicht auffallen, wenn Terje und du heute Abend beide nicht aufzufinden seid?«

Das schien Fred nachdenklich zu stimmen. Zwar wollte Mia ihn hauptsächlich loswerden, um allein ihren Gedanken nachzuhängen, aber es wäre für ihre Tarnung wahrscheinlich tatsächlich von Vorteil, wenn zumindest Fred sich beim Rest der Mannschaft sehen ließ. Mia traute Anne durchaus zu, dass sie entspannt umherschlendernd das gesamte Schiff nach den beiden absuchen würde, um sich zu vergewissern, dass keiner aus der Reihe tanzte.

»In Ordnung, ich bin mal für 'ne halbe Stunde weg. Hier, wenn was sein sollte.« Er reichte ihr sein Funkgerät, das Mia dankbar entgegennahm. »Du weißt, wie es funktioniert?« Mia nickte. Dann deutete er auf den großen Laptop im Regal über dem Schreibtisch. »Terje hat auch seinen Computer entsperrt. Falls du dir die Zeit irgendwie vertreiben willst.«

»Vielen Dank für eure Hilfe.« Es war schon fast rührend, wie die beiden sich um sie kümmerten.

»Und schließ die Tür hinter mir ab«, erteilte Fred ihr noch eine letzte Anweisung, bevor er verschwand.

Sobald Fred die Tür von außen geschlossen hatte, drehte Mia den Schlüssel um und ließ ihn als weitere Vorsichtsmaßnahme im Schloss stecken. Jede zusätzliche Sicherheitsmaßnahme gab ihr mehr Ruhe.

Mia holte sich den Laptop vom Regal, klappte ihn auf und startete ihn. Als Desktophintergrund hatte er ein Bild von zwei kleinen Jungen, beide ungefähr im Grundschulalter. Mia hatte sich bis jetzt noch nicht ausführlich mit Terje unterhalten, aber sie nahm an, dass die zwei seine Söhne waren. Sie hatten zumindest das gleiche strahlend blonde Haar, und mit ihren blauen Augen und der sonnengebräunten Haut sahen sie wie eine Miniaturausgabe von Terje aus. Terje und Fred waren bestimmt auch in Gefahr, wenn Anne herausfand, dass sie ihr geholfen hatten. Und es wäre Mias Schuld, wenn dem Vater dieser zwei süßen Jungen etwas zustieß. Über wie viele Leichen wollte Anne gehen, um die Gefahren von Oilex zu vertuschen? Mia wusste es nicht. Sie wusste überhaupt nicht, was sie von Anne halten sollte. Wie naiv war sie eigentlich gewesen, nichts zu bemerken? Aber Anne hatte ihr doppeltes Spiel perfekt durchgezogen, von Anfang an, seitdem sie am ersten Abend bei ihnen in der Lounge auf der Suche nach Gesellschaft aufgetaucht war.

Mia ärgerte sich über sich selbst. Wie selbstverständlich sie Anne vertraut hatte und sie immer über den neuesten Stand ihrer Experimente auf dem Laufenden gehalten hatte. Sinje war die ganze Zeit skeptisch gegenüber Anne gewesen. Aber dass Anne sie abhören und ermorden lassen würde, das hatte wohl selbst Sinje nicht geahnt. Mia erinnerte sich an den Nachmittag vor ein, zwei Wochen, als sie Anne im Flur vor ihrer Kabine getroffen hatte. Angeblich hatte Anne sie gesucht, um Tischtennis zu spielen. Rückblickend war es wohl so, dass sie Anne dabei erwischt hatte, wie sie die Batterien der Wanzen austauschen wollte. Wie blind sie gewesen war. Und dann auch noch Annes Besorgnis nach Henriks Verschwinden. Hatte sie erst Henrik über Bord gestoßen und dann versucht, Mia zu trösten? Bei dem Gedanken wurde ihr übel. Da fiel ihr plötzlich wieder ein, dass sie Anne erzählt hatte, wo sie ihre Ergebnisse aufbewahrte. Doch selbst wenn die Festplatte und ihr Laptop mittlerweile zerstört sein sollten, hatte sie ihre Ergebnisse ja zum Glück schon an Lars geschickt, dort waren sie sicher. Oder, waren sie das auch wirklich? Schließlich konnte Mia nicht wissen, wie viel Unterstützung Anne aus der Regierung hatte. Sie bezweifelte nicht, dass Lars ein guter Informatiker war, aber das Programm, das sie zur Verschlüsselung der Bilder benutzt hatten, hatte er im Studium geschrieben. Es mochte geeignet sein, um ein paar Euroil-Mitarbeiter zu täuschen. Aber es war sicher ein

Leichtes für die IT-Leute der Regierung, ein manipuliertes Bild zu erkennen. Und was dann? Würde demnächst der Geheimdienst vor ihrer Wohnung stehen und die Festplatten von Lars beschlagnahmen? Sie musste ihn dringend warnen.

Entschlossen öffnete Mia den Internetbrowser, nur um ihn gleich wieder zu schließen. Wie sollte sie ihn per E-Mail warnen? Sobald Anne Wind davon bekam, dass sie doch noch am Leben war, würde das auch Fred und Terje in Gefahr bringen. Mia betrachtete das Bild von Terjes Söhnen auf dem Desktop. Sie konnte doch nicht ihren Vater in Gefahr bringen. Schlimm genug, dass Henrik schon mit seinem Leben bezahlt hatte. Nein, sie musste einen anderen Weg finden, um mit Lars Kontakt aufzunehmen. Sie brauchte dringend ein Satellitentelefon.

Mia konnte nicht mehr ruhig sitzen, ihre Gedanken drehten sich unaufhörlich im Kreis, die Aufregung wurde immer größer. Sogar die Wände der Kabine schienen auf sie zuzukommen. Als sie den Schlüssel im Schloss herumdrehen hörte, setzte ihr Herzschlag für einen Moment aus. Erleichtert atmete sie auf, als Terje in die Kabine kam. »Hier, ich habe dir auf dem Rückweg etwas zu essen aus der Messe mitgebracht.« Er reichte ihr einen Teller mit belegten Broten. »Du bist sicher hungrig.« Dankbar nahm Mia den Teller an. Als sie den ersten Bissen nahm, merkte sie erst, wie ausgehungert sie wirklich war. Ohne sich groß um Terjes belustigte Blicke zu kümmern, schlang Mia alle Brote hinunter. »Hier, zum Nachspülen«, meinte Terje und reichte ihr eine Cola. Mit einem Zischen öffnete Mia die Dose.

»Und was jetzt?«, fragte Terje.

»Ich muss unbedingt an ein Satellitentelefon kommen«, antwortete Mia.

»Sollten wir nicht erst einmal dafür sorgen, dass Anne unschädlich gemacht wird? Wir könnten mit dem Kapitän sprechen.«

»Erst muss ich meinen Freund erreichen. Meine Forschungsergebnisse müssen noch vor der Konferenz veröffentlicht werden, das ist es, was Anne um jeden Preis vermeiden will. Wenn wir das nicht schaffen, war alles umsonst«, widersprach Mia. Sie sah Terje eindringlich an. »Wir können nicht davon ausgehen, dass der Kapitän uns glaubt. Und wenn Anne davon erfährt, kann ich die Veröffentlichung vergessen. Wer weiß, von wem sie noch in der Regierung unterstützt wird. Und dann denken alle, dass Oilex vollkommen harmlos ist. Das können wir nicht zulassen.«

»In Ordnung. Aber wir können nicht das Telefon von der Brücke nehmen.«

»Hat Anne denn wirklich ein Satellitentelefon?«

Terje nickte. »Ich habe sie mal mit dem Ding telefonieren sehen. Aber wie kommen wir da ran? Sie wird es mir wohl kaum freiwillig geben.«

»Uns rennt die Zeit davon. Bjarne muss den Artikel morgen veröffentlichen. Und ich weiß nicht, ob Lars dem noch zustimmt, wenn er nicht weiß, was mit mir passiert ist. Wahrscheinlich hat er längst alles gestoppt und die Polizei alarmiert. Ich muss unbedingt mit ihm sprechen, so schnell wie möglich«, drängte Mia.

»Wir brauchen Fred. Einer muss sie ablenken und einer von uns das Telefon holen«, meinte Terje.

»Nein, wir machen das zu dritt. Einer lenkt Anne ab, einer geht in die Kabine, und einer späht den Korridor vor der Kabine aus«, wies Mia ihn an. »Was wäre denn, wenn jemand dich oder Fred aus Annes Kabine gehen sieht? Das wäre doch höchst verdächtig. Außerdem will ich nicht, dass ihr euch noch mehr in Schwierigkeiten begebt. Ich werde in ihre Kabine gehen, und falls unser Plan schiefgehen sollte, dann können wir immer noch den Kapitän informieren«, erklärte Mia bestimmt.

»Und wie soll Fred Anne ablenken?«, fragte Terje.

Mia dachte einen Moment darüber nach. »Er könnte ihr sagen, dass er draußen mit ihr sprechen muss. Dort, wo keiner sie abhören kann. Dann kann er ihr von Gewissensbissen erzählen, die ihn plagen, seit ihr mich umgebracht habt. Er soll ihr auf keinen Fall damit drohen, alles auffliegen zu lassen, sondern Anne einfach nur von seinem schlechten Gewissen erzählen und ein bisschen herumjammern. Das wird ihre Aufmerksamkeit lange genug in Anspruch nehmen, ihr allerdings keinen Anlass geben, daran zu zweifeln, ob ihr euren Auftrag ausgeführt habt.«

»Das könnte in der Tat klappen«, meinte Terje.

»Ich weiß nicht, wie Anne das sieht, aber ich würde denken, dass es ganz normal ist, Gewissensbisse zu bekommen, nachdem man jemanden getötet hat«, kommentierte Mia bitter.

Terje nickte. »Ich sag Fred Bescheid und hole dich danach hier ab.«

Mia wartete fertig eingekleidet in Terjes Arbeitskleidung und mit Helm hinter der Tür. »Fred ist unterwegs, in zwei bis drei Minuten sollen wir in ihre Kabine gehen«, meinte Terje, sobald er zurück war.

Annes Kabine lag ein Deck unter den Mannschaftskabinen. Auf ihrem Weg dorthin kam ihnen niemand entgegen. Zum Glück hatte Anne eine Einzelkabine, sodass sie zumindest nicht befürchten mussten, eine weitere Person anzutreffen. Terje öffnete die Tür mit dem Generalschlüssel, den er sich unter einem Vorwand vom Steward ausgeliehen hatte. Mia zog die Tür hinter sich zu, während Terje ein paar Türen weiter betont lässig an der Wand lehnte. Sein Funkgerät hing aus der Hosentasche. Fred sollte über Funk Bescheid geben, wenn er Anne nicht weiter aufhalten konnte.

Mia war erstaunt, wie penibel Anne ihre Sachen geordnet hatte. Sie mochte es zwar auch ordentlich, aber diese Kabine sah nahezu unbewohnt aus. Sie ging das kleine Regal über dem Schreibtisch durch und öffnete den Kleiderschrank – keine Spur von dem Satellitentelefon. Bis auf Annes Klamotten, ein paar Bücher und ein Notizbuch mit nichtssagenden Einträgen fand sie nichts. Dann zog sie den kleinen Koffer unter Annes Bett hervor, der zum Glück unverschlossen war. Der Anblick des Inhalts ließ Mia in ihrer Bewegung stocken. Sie öffnete die Kabinentür vorsichtig einen Spalt. »Ich brauche dein Handy«, zischte sie.

»Was ist mit dem Satellitentelefon?«, fragte Terje sichtlich verwirrt.

»Ich muss zuerst ein Foto von ihrem Koffer machen. Danach muss uns der Kapitän glauben«, drängte Mia.

Terje reichte ihr sein entsperrtes Telefon, und Mia machte hinter der geschlossenen Tür etliche Fotos von dem Inhalt des Koffers. Geschlossen hatte er so unscheinbar ausgesehen, aber in seinem Inneren befand sich ein ganzes Sortiment an Wanzen und Batterien. Zu Mias Erstaunen lag auch ihr Laborbuch in dem Koffer. Anne hatte vorgesorgt. Darunter fand Mia das Satellitentelefon, mit dem sie schleunigst Lars' Handynummer wählte.

»Hallo?«, meldete sich Lars kurz darauf. Seine Stimme klang abwesend.

»Lars? Ich bin es!«

»O Gott, Mia, ich habe mir solche Sorgen gemacht«, schluchzte Lars. »Was ist denn passiert? Wir dachten schon, du wärst tot.«

»Wenn es nach Anne ging, wäre ich das jetzt auch. Aber ich hab Helfer auf dem Schiff, und mir geht es gut. Hör mir genau zu, ich weiß nicht, wie viel Zeit mir bleibt. Ihr müsst die Ergebnisse so schnell wie möglich publizieren. Anne will die Veröffentlichung definitiv verhindern, und ich weiß nicht, wie viel Unterstützung sie in Oslo hat. Wenn ihr nicht schnell genug seid, verschwinden die Daten vielleicht, oder ihr habt eine Klage am Hals.«

»Alles klar, Bjarne ist bei mir, um den Artikel zu besprechen. Nachdem wir nichts von dir gehört haben, haben wir uns sonst was ausgemalt«, erklärte Lars.

»Hallo, Mia? Hier spricht Bjarne.« Lars hatte scheinbar sein Telefon auf Lautsprecher gestellt. »Es freut mich, dass es Ihnen gut geht.«

»Wann können wir veröffentlichen?«, fragte Mia ohne Umschweife.

An der Tür ertönten drei leise Klopfer, das vereinbarte Zeichen dafür, dass Fred Anne aus den Augen verloren hatte.

»Ich kann die Geschichte morgen bringen«, erklärte Bjarne, »aber nur einen Onlineartikel. Den Rest müsste ich übermorgen in der Morgenausgabe in aller Ausführlichkeit veröffentlichen. Ich würde allerdings davon abraten, morgen vorab online zu veröffentlichen.«

Das Klopfen an der Tür wurde dringlicher.

»Nein, es muss morgen sein, so früh wie möglich, auch wenn es nur ein Onlineartikel ist. Unsere Gegenspieler müssen wissen, dass sie verloren haben. Ansonsten sind wir hier alle weiterhin in Gefahr. Es geht nicht mehr nur um mich, sondern noch um zwei weitere Leute an Bord, die mir geholfen haben und damit selbst in großer Gefahr sind. Ich kann nicht zulassen, dass einem von ihnen etwas passiert. Deswegen müssen wir so schnell wie möglich veröffentlichen«, entschied Mia.

Terje klopfte jetzt ohne Unterbrechung immer lauter an die Tür.

»Lars, ich vertraue dir mit dem Artikel. Ich muss gehen. Ich liebe dich«, sagte Mia und legte auf, ohne eine Antwort abzuwarten. Mit zitternden Händen legte sie das Telefon wieder in den Koffer zurück und steckte sich kurz entschlossen ihr Laborbuch unter die Jacke. Das war der einzige Beweis, dass sie ihre digitalen Ergebnisse nicht einfach erfunden hatte, und dieser Beweis durfte nicht in Annes Händen bleiben. Gerade als Mia den Koffer unters Bett schob, riss Terje die Tür auf. »Komm jetzt«, zischte er verzweifelt. Er packte Mia am Arm und stieß sie den Flur hinunter in Richtung Bug. Sie hörten Schritte im Treppenhaus, die immer höher in Richtung des vierten Decks stiegen. Terje riss mit Leichtigkeit die schwere Sicherheitstür auf, die nach draußen führte. Kurzerhand schlang er seinen Arm um Mias Taille und hob sie mehr oder weniger nach draußen. Dann schubste er sie zur Seite und sprang selbst durch die Öffnung. Mit einem Knall ließ Terje die Tür zufallen und machte sich daran, sie mit den Hebeln zu verschließen. Kurz bevor die Dichtungen schlossen, hörte sie Schritte auf dem Flur.

»Geh weiter«, wies er Mia an und schob sie vor sich her. Über die Außentreppe ging es ein Deck höher und dann wieder über eine schwere Sicherheitstür ins Schiff hinein, direkt in den Gang vor Terjes Kabine.

»Verdammte Scheiße«, schrie Terje sich die Anspannung vom Leib, als er seine Tür geschlossen und verriegelt hatte. Fred starrte die beiden stumm an.

»Ich dachte, ihr wärt schon vor mir wieder zurück. Was hat so lange gedauert?«

Terje funkelte Mia an. Nichts war mehr von seiner Gutmütigkeit zu erkennen. »Mia konnte sich nicht loseisen in Annes Kabine.«

»Es tut mir leid«, entschuldigte sie sich. »Es tut mir wirklich leid.«

»Ich sollte auf deine Ergebnisse scheißen und jetzt gleich mit dem Kapitän sprechen«, fuhr Terje wütend fort. »Kein weiteres Risiko! Ich bin sechs Monate im Jahr von meinen Söhnen getrennt, ich verpasse schon viel zu viel von ihrem Leben. Ich werde nicht auch noch den Rest ihres Lebens verpassen.«

Mia nickte stumm unter ihrem Helm. Sie wagte es kaum, sich zu rühren.

Terje riss indessen den Reißverschluss seiner Jacke auf, zog sie sich mit einem Ruck von den Schultern und feuerte sie auf seine Bettdecke. Dann ließ er sich auf das Bett fallen und zog die Schuhe aus, die er schwungvoll gegen die verschlossene Tür warf. Mit einem lauten Krachen kamen sie auf ihren stahlverstärkten Sohlen zum Stehen. Keiner in der Kabine sagte etwas. Mia beobachtete stumm, wie Terje heftig atmete und sich mehrfach durch die Haare fuhr. Fred schien vollkommen perplex in Anbetracht des Ausbruchs und stand genauso ratlos wie Mia vor ihm.

Nach einer Weile nahm Mia vorsichtig ihren Helm ab. Terje starrte sie immer noch bebend an.

»Hör zu«, begann Mia vorsichtig. »Morgen früh können wir zum Kapitän gehen. Morgen früh gehen die Ergebnisse online, dann kann Anne nicht mehr verhindern, dass die Welt von den Schäden, die Oilex verursacht, erfährt. Aber bitte warte noch diese eine Nacht«, bat sie und sah Terje flehentlich an.

Seine Gesichtszüge wurden langsam wieder weicher. »Morgen früh gehe ich gleich nach dem Frühstück persönlich zum Kapitän, und wenn der Artikel bis dahin nicht veröffentlicht ist, ist mir das verdammt noch mal vollkommen egal.«

Mia nickte. »Vielen Dank.« Sie traute sich jetzt, die dicke Jacke auszuziehen. »An euch beide«, fügte sie hinzu.

Auch Fred stand jetzt nicht mehr ganz so steif da.

»Was hast du eigentlich gerade für Fotos mit meinem Handy gemacht?«, wollte Terje wissen. Mia gab ihm sein Handy zurück, damit er und Fred sich den Inhalt des Koffers anschauen konnten.

»Nicht dein Ernst«, stieß Fred hervor.

»Was sind das für Dinger?«, wollte Terje wissen. »Diese kleinen, schwarzen Boxen?«

»Wanzen«, antwortete Mia. Erst jetzt fiel ihr auf, dass die beiden noch gar nichts von den Dingern wussten. Als sie ihnen die ganze Geschichte im Schnelldurchlauf erzählt hatte, schien Terje beeindruckt. »Ihr habt euch allen Ernstes eine Antenne gebaut, um Wanzen zu detektieren. Das hätte ich euch gar nicht zugetraut.«

Mia war froh, dass Terje seine gute Laune wiedergefunden hatte, und verkniff sich einen Kommentar. »Wir sollten Sinje nicht länger allein lassen«, meinte sie stattdessen. Sie hatte bisher noch gar nicht an ihre Freundin gedacht. »Was, wenn Anne denkt, dass ich ihr wichtige Informationen gegeben habe, und jetzt auch sie loswerden will? Henrik ist nachts verschwunden, vielleicht will sie diese Nacht auch Sinje loswerden?«

Terje und Fred wirkten skeptisch.

»Ich muss euch da noch was erzählen«, meinte Mia und zog das Laborbuch hinten aus ihrem Hosenbund, das bis jetzt von ihrer Fleecejacke verborgen gewesen war.

»Was ist das?«, fragte Terje. Seine Stimme verriet Alarmbereitschaft.

»Das ist mein Laborbuch«, gestand Mia. »Anne muss es sich heute irgendwann aus unserer Kabine geholt haben. Das ist der Beweis für meine Ergebnisse. Und sie wollte ihn vernichten. Das konnte ich nicht zulassen.«

»Und was hat das mit Sinje zu tun?«, fragte Terje lauernd.

Mia war nicht sicher, ob er gleich wieder einen Wutanfall bekommen würde.

»Wenn Anne wirklich denkt, ich wäre tot und ihr hättet euren Auftrag ausgeführt, dann kommt eigentlich nur noch eine infrage, um das Laborbuch zu klauen. Anne weiß, dass ich Sinje in meinen Verdacht gegen die Euroil-Mitarbeiter eingeweiht habe und dass sie von meinen Ergebnissen gewusst hat. Was ist, wenn sie entdeckt, dass das Laborbuch weg ist, und Sinje als letzte Mitwisserin aus dem Weg räumen will?«

Fred nickte. »In Ordnung. Wir sollten aber kein Risiko eingehen. Ich hole Sinje.«

»Dann bring auch noch ein paar Flaschen Wasser mit«, meinte Terje.

»Was soll das denn werden?«, brummte Fred.

»Keiner von uns vieren, auch nicht du, sollte heute Nacht allein sein. Und die Nacht wird lang. Wenigstens sind wir, solange wir alle vier hier in meiner Kabine sind, weniger angreifbar. Anne wird uns wohl kaum alle gleichzeitig angehen. Ich habe übrigens die Munition aus der Waffe genommen, bevor ich sie ihr vorhin wieder zurückgegeben habe«, meinte Terje.

Mia war froh über diese Information. Sie konnte aber erst richtig beruhigt sein, wenn sie wusste, dass auch Sinje in Sicherheit war.

Nachdem Fred gegangen war, setzte sie sich auf den Stuhl und wartete schweigend. Nach nur wenigen Minuten betrat Fred mit Sinje im Schlepptau die Kabine. Beide trugen jeweils zwei schwere Beutel. Als Sinje Mia sah, ließ sie sie fallen und war mit zwei großen Schritten bei ihr. Sie schloss sie fest in die Arme. »Anne war am Nachmittag bei mir im Labor und meinte, es hätte einen Unfall gegeben.« Ihre Stimme klang belegt. »Ich dachte wirklich, du wärst …« Sie nahm Mia bei den Schultern und schaute ihr ins Gesicht. Tränen standen Sinje in den Augen. »Na ja, du siehst ja noch ganz lebendig aus«, meinte sie grinsend und wischte sich mit dem Ärmel über die Wangen.

Mia umarmte sie noch ein zweites Mal. »Tut mir wirklich leid, dass wir dich nicht schon vorher einweihen konnten. Es sollten so wenige wie möglich wissen, dass mir nichts passiert ist.«

Mia konnte Sinjes Nicken an ihrer Schulter fühlen. »Alles in Ordnung, Hauptsache, dir geht es gut.«

Fred hatte indessen die Beutel ausgepackt. Sie hatten zwei große Wasserflaschen für jeden eingepackt und offenbar alles an Süßigkeiten und Chips eingesteckt, was sie auf die Schnelle unbemerkt hatten auftreiben können.

Dann holte Sinje noch etwas anderes aus einem der Beutel. »Hier, die habe ich noch versteckt. Ich konnte nicht verhindern, dass sie sich dein Laborbuch geschnappt haben, aber es ist mir gelungen, die Festplatte verschwinden zu lassen. Ich dachte, ich könnte sie Lars schicken, sobald wir wieder an Land sind.« Sinje hielt Mia ihre Festplatte hin.

Mia zog daraufhin das Laborbuch vom Kleiderschrank. »Das habe ich mir vorhin aus Annes Kabine geholt.«

»Von Anne? Du beklaust eine Regierungsbeamtin? Warum hast du sie nicht um Hilfe gebeten?«

Einen kurzen Moment starrte Mia Sinje fassungslos an. Dann ging ihr auf, dass Sinje noch gar nicht wusste, wer hinter Mias angeblichem Unfall steckte und dass die Euroil-Mitarbeiter überhaupt nichts mit der Manipulation und heimlichen Überwachung zu tun gehabt hatten. Also erzählte Mia ihr alles. Jedes kleine Detail, wie sie mit Fred und Terje auf dem Schlauchboot gewesen war, was sie in Annes Koffer entdeckt hatte und wie sie die Ergebnisse trotzdem noch rechtzeitig veröffentlichen wollte.

Sinje hatte mit offenem Mund zugehört. »Aber … Anne?«, fragte sie nur. »Wir haben doch so oft mit ihr zusammen gegessen und uns unterhalten.«

»Scheinbar war das alles nur Tarnung, um so nah wie möglich an mir dranzubleiben. Und ihr Plan ist ja auch perfekt aufgegangen. Mir ist nicht ein einziges Mal in den Sinn gekommen, dass ich mit einem der anderen norwegischen Beobachter reden könnte. Ich habe sie immer brav über jeden Schritt informiert.«

»Dass man sich so in jemandem täuschen kann«, meinte Sinje kopfschüttelnd. »Vielleicht wird sie erpresst?«

Mia war erstaunt, dass Sinje Anne jetzt in Schutz nahm, wo sie doch sonst immer eher verhalten ihr gegenüber gewesen war. »O nein, ich schätze vielmehr, dass eine Menge Geld für sie dabei rausspringt. Und selbst wenn sie von irgendwem wegen irgendwas unter Druck gesetzt wurde, das ist mir ehrlich gesagt egal. Sie ist höchstwahrscheinlich für Henriks Tod verantwortlich, und mich wollte sie auch umbringen lassen. Und die Verschmutzung der Antarktis mit Oilex nimmt sie ohnehin in Kauf.«

Sinje nickte wie vom Donner gerührt. Sie schien noch ein wenig Zeit zu brauchen, um die ganze Sache zu verarbeiten.

Terje riss eine Tüte Chips auf. »Okay, wir haben jetzt noch eine Weile hier in der Kabine. Wie wär's mit einem Kartenspiel?«

Fred verdrehte die Augen, setzte sich aber kommentarlos auf den Boden neben Terje. Mia nickte, nahm ihren Blick jedoch nicht von Sinje, der immer noch der Schock ins Gesicht geschrieben stand. Schließlich setzte auch sie sich zu den anderen auf den Boden. Zu viert saßen sie im Kreis, und Terje teilte die Karten aus. Mia, Fred und Terje begannen sie zu sortieren, Sinje aber starrte lediglich mit leerem Blick auf den Boden.

»Das wird dir dabei helfen, deine Gedanken zu sortieren«, versprach Terje und gab ihr die Karten in die Hände.

Langsam fing Sinje an, ihr Blatt zu ordnen.

Mia räusperte sich. Eine Frage ging ihr nicht aus dem Kopf, über die sie noch nicht gesprochen hatten: »Womit hat Anne euch eigentlich erpresst?«

Über die Karten in ihrer Hand hinweg konnte sie sehen, wie Fred und Terje einen langen Blick wechselten.

»Wir haben vor ein paar Jahren Mist gebaut«, meinte Fred ausweichend.

Mia nickte, obwohl sie die Antwort wenig zufriedenstellend fand. Sie überlegte noch, wie sie ihren Rettern weiter auf den Zahn fühlen konnte, da kommentierte Sinje bereits trocken: »Na, das ist ja wenig spezifisch.«

Terje schien kurz mit sich zu ringen, dann ließ er seine Karten sinken und begann zu erzählen: »Vor ein paar Jahren, da waren meine Söhne noch nicht auf der Welt, waren Fred und ich bei einer anderen Reederei angestellt. Wir sind regelmäßig von Südafrika nach Europa gefahren und haben alles Mögliche transportiert. Damals waren die Kontrollen im Hafen noch nicht so streng wie heute, und Fred und ich haben die Chance genutzt, um Elfenbein von Südafrika nach Europa zu schmuggeln, um unser mageres Gehalt aufzubessern. Der Kapitän hat uns erwischt, uns aber nicht angezeigt. Wir sind beide rausgeflogen, zum Glück ohne größeres Aufsehen.«

»Das ist inzwischen sieben oder acht Jahre her«, fügte Fred hinzu. »Aber Anne hat vor ihrem Abflug einen Regierungsbeamten bestochen, der in den Angelegenheiten der Besatzung herumgeschnüffelt hat. Irgendwer von damals muss uns verpfiffen haben. Jedenfalls droht sie uns jetzt damit, uns deswegen anzuzeigen. Wir würden für ein paar Jahre ins Gefängnis gehen.«

»Und ich wäre, wenn ich Glück habe, zum Schulabschluss meines Jüngsten wieder draußen«, meinte Terje mit belegter Stimme. Er sah Mia und Sinje eindringlich an. »Wir haben damals Mist gebaut, keine Frage. Aber seitdem haben wir uns nichts mehr zuschulden kommen lassen.«

Mia nickte. »Von uns wird bestimmt niemand etwas erfahren.«

Sinje nickte stumm, und so wandten sie alle ihre Aufmerksamkeit wieder den Karten zu. Nach den ersten beiden Runden war Sinje tatsächlich wieder ansprechbar, und irgendwie schienen sich alle etwas ablenken zu können. Mia kam es merkwürdig normal vor, in Terjes Kabine auf dem Boden zu sitzen, Karten zu spielen und Chips zu essen. Wenn man bedachte, wie ihr Tag bisher verlaufen war, war dies das Normalste, was sie seit dem Aufstehen getan hatte. Im Anschluss spielten sie noch zwei Partien Doppelkopf, in denen Mia die anderen drei abzockte. Aber als es allmählich auf Mitternacht zuging, hatte keiner mehr große Lust weiterzuspielen. Terje holte zwei Decken aus seinem Kleiderschrank und breitete sie auf dem Boden aus.

»Sinje und Mia, ihr passt doch bestimmt nebeneinander auf mein Bett? Dann legen Fred und ich uns hier auf den Boden auf die Decken. Vielleicht finden wir etwas Schlaf. Zumindest sollten wir zusehen, alle etwas zur Ruhe zu kommen.«

Mia spürte, wie erschöpft sie war, und ließ dankbar ihren Kopf auf das Kissen sinken. Bevor sie das Licht löschten, berieten sie noch darüber, ob jemand Wache halten sollte. Aber sie waren sich einig, dass sie sicher vom Lärm geweckt würden, sollte Anne versuchen, in die verschlossene Kabine einzudringen.

Mia schlief ein, aber nicht tief, und es dauerte nicht lange, da wurde sie von Schritten im Flur geweckt. Die feinen Härchen auf ihren Armen stellten sich auf, während sie lauschte, wie die Schritte näher kamen. Sie hielt den Atem an, als die Füße einen Schatten auf den schmalen Lichtstreifen warfen, der unter der Tür hindurchschien. Hinter sich hörte Mia Sinjes ruhige Atemzüge. Die Schritte hielten jedoch nicht an, und kurze Zeit später wurde ein paar Kabinen weiter eine Tür geöffnet. Mia horchte weiter auf Geräusche im Flur, doch das Einzige, was sie vernahm, war das leise Schnarchen vom Boden der Kabine. Sie verstand gar nicht, wie die anderen drei so ruhig schlafen konnten, wenn Anne doch jeden Moment vor ihrer Tür auftauchen konnte.

Vorsichtig, ohne die anderen zu wecken, setzte Mia sich auf. Sie wollte bereit sein, falls sie angegriffen wurden. Im Liegen fühlte sie sich zu verletzlich.

Sie traute sich nicht, auf Sinjes Handy nach der Uhrzeit zu schauen, weil sie die anderen nicht wecken wollte. Also saß sie einfach im Dunkeln da und beobachtete den Lichtspalt zwischen Tür und Teppich. Doch außer ein paar weiteren Leuten, die an ihrer Kabine vorbeigingen, ohne ihrer Kabine Beachtung zu schenken, geschah nichts. Mia harrte trotzdem weiter am Fußende des Bettes aus. Durch den kleinen Spalt zwischen dem zugezogenen Rollo und dem Fensterrahmen konnte sie sehen, wie es wieder heller wurde, und irgendwann wachten die anderen drei schließlich auch wieder auf.

»Wie lange hast du denn auf dem Bett gesessen?«, fragte Sinje, als Mia aufstand und erst einmal ihre Beine strecken musste.

»Weiß ich nicht genau. Nicht allzu lange«, log Mia.

»Du siehst aus, als hättest du die ganze Nacht nicht sonderlich viel geschlafen«, bemerkte Sinje.

Als Mia wenig später einen Blick in den Badezimmerspiegel warf, musste sie ihrer Freundin recht geben. Ihre Augen waren gerötet und geschwollen, als ob sie geweint hätte, darunter zeichneten sich dunkle Ringe ab. Aber wie sie im Moment aussah, tat nichts zur Sache. Ein Schwall kaltes Wasser musste ausreichen, um sie bereit für den Tag zu machen.

Sinje hatte bereits den Computer hochgefahren und öffnete gerade die Homepage von *Dagsavisen*, als Mia aus dem Bad kam. Der Artikel von Bjarne Dahl war ganz oben auf der Seite. »Verräterische Sicherheit – Wie Oilex die gesamte Antarktis zerstören könnte« stand in großen Buchstaben über dem Artikel. Fast schon ein wenig reißerisch, aber Mia sollten alle Mittel recht sein, um die Aufmerksamkeit der Öffentlichkeit vor dem Antarktisgipfel auf Oilex zu lenken.

Sie überflog Bjarnes Artikel nur kurz. Beim Verfassen des Textes hatte er sich etwas mehr zurückgenommen als bei der Überschrift und sich strikt an die Fakten gehalten. Mia war zufrieden mit seinem Artikel, hinter dem sie bedenkenlos stehen konnte. Bjarne hatte auch eine kurze Erklärung eingebaut, warum der Krill so wichtig für das Ökosystem war, was Mia besonders freute. Der letzte Satz des Artikels versprach eine genaue Aufklärung am nächsten Tag in der Morgenpresse.

»In Ordnung«, meinte Mia. »Jetzt können wir den Kapitän aufsuchen.«

Zu viert gingen sie gemeinsam hinauf auf die Brücke. Fred und Terje bestanden darauf, Sinje und Mia in ihre Mitte zu nehmen. Mia fand diese Vorsichtsmaßnahme für den kurzen Weg übertrieben, wollte aber auch nicht widersprechen. So früh am Morgen waren die Flure wie ausgestorben, und bis sie die Tür zur Brücke öffneten, begegneten sie niemandem. Der Kapitän war zu dieser Uhrzeit noch nicht da, aber der wachhabende Offizier musste bei Mias Anblick nicht erst überzeugt werden, ihn vom Frühstückstisch zu rufen.

»Was ist denn so wichtig, dass es nicht …« Weiter kam der Kapitän nicht, als er genervt die letzten Stufen zur Brücke hochstieg. Entgeistert starrte er Mia an. »Was zum Teufel ist hier los?«, donnerte er. »Ist das alles ein schlechter Scherz?« Sein Gesicht nahm einen gefährlichen dunkelroten Ton an. »Und ihr zwei steckt da mit drin?« Er deutete mit zitterndem Finger auf Fred und Terje.

»Lassen Sie mich das bitte erklären«, bat Mia, bevor der Kapitän endgültig die Beherrschung verlor. Der wachhabende Offizier hatte sich in seinem Drehstuhl umgedreht und achtete nicht mehr auf die Monitore in seinem Rücken. Das Schauspiel, das sich ihm auf der Brücke bot, war wesentlich interessanter.

»Na, dann mal los, aber strapaziere meine Geduld nicht länger.«

Das wäre Mia beim Gesichtsausdruck des Kapitäns nicht im Traum eingefallen. Trotzdem brauchte sie eine Weile, um ihm alle Hintergründe zu erklären. Sie ließ nichts aus, von den ersten Manipulationen über die Wanzen und die Erpressung von Fred und Terje – wobei sie die Hintergründe wie versprochen verschwieg – bis hin zu Annes Plänen, sie zu ermorden. Während ihrer Ausführungen hatte das Gesicht des Kapitäns langsam wieder eine normalere Farbe angenommen, war dann allerdings bei der Schilderung von Annes Mordabsichten bedrohlich weiß geworden.

»Und all das auf meinem Schiff?!« Der Kapitän setzte sich auf den nächsten Stuhl. Er schien ehrlich betroffen von ihrer Geschichte. »Und wie passt Henriks Unfall da rein?«, wollte er wissen.

Mia hatte Henrik nicht erwähnt, weil sie sich immer noch nicht sicher war, was genau passiert war, ob Anne ihn umgebracht hatte oder ob es wirklich ein unglücklicher Unfall gewesen war.

»Ich weiß es nicht«, gab sie ehrlich zu. »Ich würde Anne gerne dazu befragen. Auch, wenn sie wahrscheinlich nichts preisgeben wird, aber ich will ihr dabei ins Gesicht schauen.«

»So etwas ist mir in meiner gesamten Dienstzeit noch nicht untergekommen. Na klar, mal passieren kleinere Unfälle, mal gibt's einen gebrochenen Arm oder ein gebrochenes Bein. Einen Wissenschaftler mussten wir einmal per Helikopter wieder an Land bringen, weil er so seekrank war, dass er sich etwas antun wollte, um die Qualen zu stoppen. Aber einen Mörder? An Bord meines Schiffes?« Der Kapitän erhob sich und kam auf Mia zu. Er ergriff ihre Hände. »Es tut mir leid. Es ist meine Aufgabe als Kapitän, für die Sicherheit meiner gesamten Besatzung zu sorgen, der Schiffsbesatzung und der wissenschaftlichen Besatzung. Es tut mir wirklich leid, dass ich Henrik und dich nicht beschützen konnte. Bitte verzeih mir.« Er blickte ihr fest in die Augen.

Mia konnte nicht umhin, den Kapitän zu bewundern. Und sie empfand Mitleid für ihn. Sie wollte auf keinen Fall, dass der Kapitän sich Henriks Tod anlastete. »Da gibt es absolut nichts zu verzeihen«, antwortete sie. »Anne wurde Ihnen von der Regierung vorgesetzt, und so wie es aussieht, hat sie sich gut auf ihren Einsatz hier vorbereitet. Dass so etwas passiert, damit konnte keiner rechnen. Ich hätte viel früher mit meinem Verdacht zu Ihnen kommen sollen. Aber selbst das hätte Henrik nicht geholfen«, stellte Mia fest. Die Erkenntnis nahm eine riesige Last von ihr. Selbst wenn sie Anne gegenüber misstrauischer gewesen wäre und nicht ständig die Euroil-Mitarbeiter verdächtigt hätte, Henrik hätte sie trotzdem nicht mehr helfen können. Nicht nur dem Kapitän konnte sie keine Vorwürfe machen, sie selbst hätte ebenfalls nichts ausrichten können. Mia schluckte die Tränen hinunter, die nach oben drängten.

Der Kapitän nickte.

»Aber wir müssen unbedingt sicherstellen, dass Anne niemandem mehr schaden kann«, drängte Mia.

»Natürlich.« Der Kapitän ließ ihre Hände los und drehte sich zu dem wachhabenden Offizier um. »Rufen Sie bitte Anne Rasmussen aus. Sie soll umgehend auf die Brücke kommen.«

Mia war froh, dass Sinje direkt neben ihr stand. Die Anwesenheit von Fred und Terje gab ihr zusätzlichen Halt. Wie begegnet man jemandem, der noch vor einem Tag versucht hatte, einen umzubringen? Mia überlegte, wie sie Anne gegenübertreten sollte. Sie anschreien? Sich die ganze Anspannung, die Angst und die Wut von der Seele brüllen? Mia spürte, wie sich ihr Herzschlag beschleunigte, während sie auf Anne warteten. Sie beobachtete den Sekundenzeiger der Uhr, die vorne über den breiten Fenstern hing. Dreißig Sekunden waren vergangen, seit der wachhabende Offizier die Durchsage gemacht hatte. Schon die waren Mia wie eine Ewigkeit vorgekommen.

Nach exakt siebenundneunzig Sekunden öffnete sich die Tür am Fuß der Brücke. Leichte Schritte kamen die Treppe hinauf. Das musste Anne sein. Mia fühlte, wie sich jeder Muskel in ihrem Körper anspannte.

Als sie hereinkam, wandte Anne sich gleich nach vorne, dem wachhabenden Offizier zu, sodass sie mit dem Rücken zu ihnen stand. Das gab Mia einige Sekunden, um sich zu sammeln. Der Anblick hatte schlagartig eine Übelkeit in ihr ausgelöst, gegen die sie jetzt ankämpfen musste. Ihr ganzer Körper schrie danach, einfach wegzulaufen. Auch wenn ihr Verstand ihr sagte, dass Anne ihr hier nichts mehr antun konnte. Selbst wenn sie ihre Waffe eingepackt haben sollte, Terje hatte die Munition entfernt. Schweiß bildete sich auf Mias Stirn, während sie versuchte, ihren Fluchtreflex niederzukämpfen.

Der Kapitän warf Mia einen kurzen Blick zu, durchschaute ihre Verfassung und ergriff selbst das Wort. »Ich wollte Sie sprechen«, sagte er, um Annes Aufmerksamkeit auf ihre kleine Gruppe zu lenken. Anne drehte sich um und ließ ihren Blick über die fünf Personen gleiten, die sie bislang nicht wahrgenommen hatte. Sie schwang zurück zu Mia und erstarrte in ihrer Bewegung. Ihr Blick ging abwechselnd zwischen dem Kapitän und Mia hin und her, offenbar nicht fähig, die Lage zu erfassen. Mit Genugtuung bemerkte Mia die aufkommende Panik in Annes Blick.

»Mich hast du nicht erwartet, oder?« Mia war überrascht, wie fest ihre Stimme klang. Sie hatte fast schon einen eisigen Ton, als die Wut in ihr die Oberhand gewann. Sie machte zwei Schritte auf Anne zu. Die hingegen sah aus wie ein Reh auf der Straße, das in die Scheinwerfer eines heranrasenden Autos starrt.

»Terje und Fred hatten im Gegensatz zu dir ein Gewissen und konnten mich nicht umbringen. Da hat auch deine Erpressung nichts genutzt.«

Mia tat einen weiteren Schritt auf sie zu. Nur noch wenige Meter trennten sie jetzt von Anne. Aus den Augenwinkeln sah Mia, dass der Kapitän dicht hinter ihr stand. Was dachte er, was sie vorhatte? Anne die Treppe hinunterzustoßen? Das würde ihr keine Antworten bringen. Aber die wollte Mia am dringendsten.

»War dir beim Tischtennis schon klar, dass du mich ermorden lassen wirst?«

Anne antwortete nicht, starrte Mia nur weiter an.

»Hattest du überhaupt Gewissensbisse, als Fred und Terje dir erzählt haben, wie sie meine Leiche losgeworden sind?«

Wieder keine Antwort.

»Wer bist du eigentlich?« Die letzte Frage schrie Mia Anne ins Gesicht.

Das schien sie aus ihrer Trance zu wecken. »Natürlich tat es mir leid«, sagte sie. »Ich mochte dich, wirklich. Aber es geht hier nun einmal nicht um persönliche Befindlichkeiten.«

»Worum geht es dann? Wurdest du von Euroil bezahlt?«, fragte Mia.

Anne schüttelte den Kopf. »Euroil hat mit der ganzen Sache nichts zu tun. Ich weiß nicht, wieso du dich so an der Firma festgebissen hast. Das hat mir die ganze Sache natürlich enorm erleichtert. Sicher, die machen auch ihre Profite, wenn Oilex in der Antarktis eingesetzt wird. Aber denk doch mal an Norwegen. An jeden der 5,2 Millionen Einwohner. Unsere Ölvorkommen sind endlich. Es ist doch bereits jetzt abzusehen, dass wir nicht mehr lange so weitermachen können. Ein Großteil unseres Reichtums gründet sich aber auf die Gewinnung von Öl. Wir würden alle darunter leiden, wenn die Ölquellen versiegen. Die Arbeitslosenzahlen würden explodieren.«

Mia war verwirrt. »Also steckt die Regierung dahinter?«

»Nein, nicht die Regierung. Du glaubst doch nicht, dass die Politiker den Schneid haben, das zu tun, was nötig ist? Seit die Grünen immer mächtiger geworden sind, geht es doch nur noch um den verdammten Umweltschutz. Aber wer denkt an die Menschen?«

»Aber ohne eine gesunde Natur hat doch keiner von uns eine Zukunft«, widersprach Mia. Jemand wie Anne musste das doch begriffen haben.

»Du wählst bestimmt auch die Grünen, was?«, fragte Anne verächtlich. »Und diese ganzen Greenpeace-Aktionen. Aber warst du mal in einem der Dörfer, die vom Öl leben? Da gibt es sonst rein gar nichts. Wir könnten hier Tausenden von Norwegern Beschäftigung bieten. Wen interessieren da ein paar winzige Viecher?«

Der Kapitän legte Mia von hinten eine Hand auf den Oberarm. »Wir werden Annes Überzeugungen hier und jetzt nicht ändern.«

Mia nickte. Sie hätte noch so einiges zu sagen gehabt, aber der Kapitän hatte recht. Anne war anscheinend derart überzeugt von ihrer Version der Realität, dass sie bereit war, dafür zu morden. Daran würden Mias Argumente wohl nichts mehr ändern.

»Hast du Henrik auf dem Gewissen?«, fragte Mia so ruhig, wie es ihr möglich war.

Anne zuckte leicht zusammen. Ihr Blick wurde traurig. »Das war wirklich nicht geplant«, gab sie zu. »Ich wollte nach euren ersten vorläufigen Ergebnissen nur mit ihm reden und die Versuche diskutieren. Und dann fängt er an, mir Vorwürfe zu machen. Ich wäre nicht objektiv und hätte hier auf dem Schiff nichts verloren. Ich wollte ihm nur eine Ohrfeige geben, aber er ist mir ausgewichen und gestolpert. Ich weiß nicht, wie er mit einem Mal durch den Spalt zwischen Container und Balustrade gefallen ist, es ging alles so schnell. Plötzlich war er weg.« Anne schluckte. Ihr Blick ging ins Leere.

Mia nickte stumm. Wenigstens wusste sie jetzt, was mit Henrik geschehen war. Sein Tod schien trotzdem so furchtbar sinnlos.

»Bei dir hatte ich allerdings keine Wahl. Du wolltest die Ergebnisse veröffentlichen.« Anne zuckte mit den Schultern. »Das musste ich verhindern.«

Mia lächelte kalt. »Kann ich mal an den Computer?«, fragte sie und setzte sich ohne eine Antwort abzuwarten an einen der hinteren Computer auf der Brücke. Sie loggte sich ein und rief die Homepage von *Dagsavisen* auf. Niemand sagte ein Wort. Anne hatte sich noch immer nicht von der Stelle gerührt, sodass Mia ihr bedeutete, näher zu treten. Sie zeigte auf die Überschrift, die in großen Buchstaben über den Bildschirm flackerte.

Anne schlug die Hand vor den Mund.

»Es war alles umsonst«, sagte Mia leise, sodass nur Anne sie hören konnte. »Du hast Henrik ganz umsonst umgebracht. Mich umsonst überwacht, meine Versuche umsonst manipuliert, Terje und Fred umsonst erpresst. Und für all das wirst du für den Rest deines Lebens im Gefängnis büßen.« Ihre eigene Stimme war Mia vollkommen fremd. Sie klang böse, voll unterdrückter Wut. Für einen kurzen Moment durchzuckte Mia der Gedanke, dass sie den Kopf von Anne, der immer noch dicht neben ihr war, auf die Tischplatte schlagen könnte. Sie erschrak über sich selbst. Sie war noch nie auch nur in die geringste Gewalttätigkeit verwickelt gewesen. Und sie glaubte auch nicht an Selbstjustiz. Aber hier ging es um Leben und Tod, und das schien eine tief verborgene existenzielle Seite in ihr anzurühren.

»Ich glaube, wir sind hier fertig«, entschied der Kapitän. Er warf Mia einen merkwürdigen Blick zu, als wüsste er genau, was gerade in ihr vorging.

»Sie kommen jetzt in Schiffsgewahrsam. Fred, Terje, bringt sie bitte nach unten, in ihre Kabine. Und sichert die Tür.«

Fred und Terje nickten, griffen Anne an den Armen und gingen mit ihr davon.

»Und jetzt zu dir.« Der Kapitän wandte sich wieder Mia zu. »Ich nehme an, die Veröffentlichung der Ergebnisse ist weder mit Antje noch mit deinem Betreuer zu Hause abgesprochen?«

Mia schüttelte den Kopf. Sie versuchte, dem Blick des Kapitäns standzuhalten. Schließlich hatte sie sich nichts vorzuwerfen, sie hatte keine andere Wahl gehabt. Zugegebenermaßen hätten sie es jetzt vielleicht mit einer anderen Situation zu tun, wenn sie sich nicht immer nur auf Annes Aussagen verlassen hätte. Einer der anderen Regierungsvertreter hätte ihre Ergebnisse vielleicht auf der Antarktiskonferenz vorgestellt. Aber dafür war es jetzt zu spät. Schließlich senkte sie doch ihren Blick zu Boden.

»Ich nehme an, Anne wollte die Ergebnisse nicht präsentieren?«

Mia schüttelte den Kopf. »Sie sagte, dass sie sich mit den anderen Regierungsvertretern abgesprochen hätte.

Ich hatte keinen Anlass, ihr zu misstrauen. Also habe ich keine andere Möglichkeit gesehen.«

»Und du wusstest davon?«, fragte der Kapitän an Sinje gewandt.

»Nein, sie wusste nichts davon«, meinte Mia schnell.

»Das stimmt nicht, ich habe sie dazu ermutigt und finde ihr Verhalten richtig. Ich hätte in ihrer Situation genauso gehandelt. Schließlich sind wir doch aus eben diesem Grund auf dem Schiff: um die Gefahren von Oilex zu untersuchen, damit die Politiker zu Hause eine wissenschaftlich fundierte Entscheidung treffen können.«

Der Kapitän nickte. »Normalerweise müsste ich euch verwarnen. Wo kommen wir denn hin, wenn jeder plötzlich Informationen an die Presse weitergibt? Aber ich denke, dass ich in diesem Fall eine Ausnahme machen kann aufgrund der besonderen Umstände.«

Dankbar nickten Mia und Sinje.

»Trotzdem kann ich natürlich nicht für Euroil oder eure Betreuer zu Hause sprechen. Die sehen das wahrscheinlich nicht ganz so entspannt.« Er musterte Mia und Sinje einen Augenblick und schien noch etwas ergänzen zu wollen. Dann überlegte er es sich jedoch offenbar anders. »So und jetzt zurück an die Arbeit.«

Mia und Sinje verließen kommentarlos die Brücke. Statt ins Labor ging Mia allerdings in ihre Kabine. Da sie gestern sowieso keine Proben hatte nehmen können, war dort jetzt nur wenig zu tun. Außerdem war sie hundemüde. Kaum lag sie in ihrem Bett, fiel sie in einen tiefen Schlaf, aus dem sie erst von ihrem knurrenden Magen geweckt wurde. Passenderweise stand das Mittagessen kurz bevor, und Mia holte Sinje aus ihrem Labor ab, um nicht alleine gehen zu müssen.

Jeder, dem sie auf dem Flur begegnete, starrte sie fasziniert an. Der Kapitän hatte früher am Tag eine Information an alle herausgegeben, dass Mia am Leben war und Anne wegen des dringenden Verdachts auf Totschlag und versuchten Mordes in ihrer Kabine in Gewahrsam genommen worden war. Mia konnte sehen, wie den Leuten die Fragen auf der Zunge brannten, aber sie war absolut nicht in der Stimmung, über Anne und ihre Machenschaften zu diskutieren.

Mia und Sinje redeten nicht viel, als sie am Tisch vor ihren Aufläufen saßen, beide waren zu sehr damit beschäftigt zu essen, nachdem sie am Morgen auf der Brücke das Frühstück verpasst hatten. Sie hatten noch nicht ganz den ersten Hunger gestillt, da fragten die beiden Regierungsvertreter, ob sie sich zu ihnen an den Tisch setzen dürften. »Hallo, wir hatten bisher noch kaum miteinander zu tun. Ich bin Arvid, das ist Petter.«

Mia nickte den beiden verhalten zu. Also hatten sie den Artikel schon gelesen. Sie fragte sich, ob der Kapitän oder ihre Kollegen aus Oslo sie darauf aufmerksam gemacht hatten.

»Zunächst einmal möchten wir uns in aller Aufrichtigkeit entschuldigen. Annes Handlungen waren selbstverständlich in keinster Weise von der norwegischen Regierung abgesegnet. Wir sind hier auf diesem Schiff, um eine objektive Auswertung und Berichterstattung zu gewährleisten. Leider hat unsere Kollegin das nicht so gesehen.«

Mia betrachtete Arvid aufmerksam, während er sprach. Er und Petter hatten sich nie lange in den Gemeinschaftsräumen aufgehalten. Dies war das längste Gespräch, das sie mit einem von beiden seit dem Auslaufen führte. Er war auch nach Wochen auf dem Schiff jeden Tag adrett gekleidet in einem karierten Hemd und dunkler Hose. Der Ansatz seiner Haare ergraute langsam, ansonsten sah er noch relativ jung und nicht unattraktiv aus. Ihr fiel auf, dass auch Sinje ihn interessiert musterte. Doch Mia wusste nicht, ob sie ihm vertrauen konnte.

»Wir haben den Artikel über deine Versuchsreihe gelesen«, fuhr Arvid fort. Dabei stocherte er geistesabwesend mit der Gabel in seinem Auflauf herum. »Wir würden deine Ergebnisse gerne auf der Antarktiskonferenz vorstellen. Wie du wahrscheinlich weißt, werden wir beide morgen per Helikopter ausgeflogen. Die Wetterverhältnisse sind gut, sodass wir von der russischen Forschungsstation aus noch morgen Richtung Kapstadt aufbrechen können, damit wir rechtzeitig am Sonntag in Oslo sind.«

Mia kam sich unendlich naiv vor, dass sie nicht vorher mit Arvid und Peter gesprochen hatte. Wie hatte sie sich nur dermaßen auf Anne verlassen können? »Natürlich, ich stelle euch alle meine Ergebnisse zur Verfügung. Anne hatte eigentlich schon alles, aber ich nehme an, dass sie mit euch nicht darüber gesprochen hat.«

Petter und Arvid schüttelten bedauernd die Köpfe. »Leider nicht.«

»Wenn Mia euch die Ergebnisse gibt und ihr sie sowieso am Sonntag veröffentlicht, wird Mia dann Schwierigkeiten wegen des Artikels bekommen?«, mischte sich Sinje in das Gespräch ein.

Petter zögerte. »Wir können natürlich nichts Definitives sagen. Aber man wird uns nach unserer Meinung fragen, und so, wie es sich für uns darstellt, blieb Mia in diesem Fall nichts anderes übrig, als die Ergebnisse zu veröffentlichen.«

»Man könnte auch argumentieren, dass die Forschung vom Steuerzahler bezahlt wurde und dass eben jener Steuerzahler ein Recht darauf hat, über die Ergebnisse informiert zu werden«, fügte Arvid hinzu. »Ich denke nicht, dass du irgendwelche Schwierigkeiten vonseiten der norwegischen Regierung zu erwarten hast, schon gar nicht nach Annes Fehlverhalten. Und was Euroil betrifft: Wir schauen uns nachher gemeinsam die Ergebnisse an, und wenn die Hinweise stichhaltig sind und die Versuche sauber durchgeführt wurden, dann kann Euroil nichts dagegen unternehmen.«

»Und was kommt auf Anne zu?« Nachdem sie ihre Entscheidung getroffen hatte, mit den Ergebnissen an die Öffentlichkeit zu gehen, interessierte Mia viel mehr, wie man Anne bestrafen würde. Was auch immer sie behaupten mochte, für Mia war Henriks Tod Mord und nichts anderes.

»Sie wird, sobald wir in Kapstadt einlaufen, der Polizei übergeben. Es laufen bereits Verhandlungen mit der südafrikanischen Polizei, aber so wie es aussieht, werden zwei norwegische Beamte uns im Hafen von Kapstadt erwarten. Zu Hause wird sie dann sicherlich ein Prozess erwarten. Vermutlich wird es auch eine interne Untersuchungskommission geben, damit alles ganz offiziell aufgearbeitet wird. Auch ohne Anwalt zu sein, könnte ich mir vorstellen, dass sie wohl ein paar Jahre hinter Gittern verbringen werden muss«, meinte Arvid.

»Und eins ist mal sicher, sie wird nie wieder für die norwegische Regierung arbeiten«, setzte Petter hinzu.

Mia nickte zufrieden. Nichts anderes hatte Anne verdient.

Nach dem Mittagessen ging Mia mit Petter und Arvid in deren Büro. Sie diskutierten ihre Ergebnisse den gesamten Nachmittag. Am Ende hatten sie sich auf zwei Graphen geeinigt, die das Absterben des Krills darlegten. Mia bestand darauf, dass Arvid in seiner Präsentation auch die Wichtigkeit des Krills für das gesamte Ökosystem hervorhob. Ansonsten würden die Politiker nicht einschätzen können, wie verheerend seine Auslöschung war, beharrte sie. Mia erzählte den beiden von der geplanten Reportage, die am nächsten Morgen in der *Dagsavisen* erscheinen sollte. Sie zeigten sich zwar wenig begeistert, sahen aber ein, dass es unter diesen Umständen nötig gewesen war, dafür zu sorgen, dass sich die Politiker ein Bild von den Schäden durch Oilex machen konnten.

Nach der Diskussion fühlte Mia sich wie ausgelaugt. Sie wollte ihren letzten Versuch am Morgen starten. Der Kapitän hatte bekannt gegeben, dass sie noch eine Station machen und dann Richtung Kapstadt zurückfahren würden, um Anne den Behörden zu übergeben. Sobald die Regierungsvertreter mit dem Helikopter abgeholt wurden, sollte das Schiff umdrehen, die letzten paar Tage der Ausfahrt würden wegfallen.

Mia war erleichtert, als sie die Nachricht hörte. Zwar konnte sie sich jetzt wieder frei und ohne Sorge auf dem Schiff bewegen, aber das Gefühl des Eingesperrtseins und Verfolgtwerdens wurde sie nicht ganz los. Die Eisberge, die am Horizont an ihnen vorbeizogen, nahm sie nicht mehr als so romantisch und rein wahr wie noch zu

Beginn der Fahrt. Das endlose Meer, das sie umgab, sah nun eher bedrohlich als friedlich aus. Als könnte es Mia jeden Augenblick in seinen Wellen begraben.

Mia holte sich das Satellitentelefon, um Lars anzurufen. Sie hatte ihm zwar direkt eine zweizeilige E-Mail geschrieben, sobald Anne in ihrer Kabine festgesetzt worden war, aber für ausführliche Erläuterungen war sie zu müde gewesen. Sie telefonierten über eine Stunde miteinander.

Normalerweise versuchte Mia die Gespräche so kurz wie möglich zu halten, da sie das Telefon nicht allzu lange blockieren wollte. Doch nach den Ereignissen der letzten Tage hatte sie das Gefühl, ein ausgiebiges Gespräch mit ihrem Freund mehr als verdient zu haben.

Lars erzählte ihr, dass Bjarne die Artikel am nächsten Tag wie geplant veröffentlichen würde. Offenbar war der Onlineartikel bereits jetzt einer der am meisten geklickten und verlinkten Artikel von *Dagsavisen*. Bjarne sollte am nächsten Abend ein kurzes Interview in den Abendnachrichten geben, um über die Bedeutung der Ergebnisse für die Antarktiskonferenz zu sprechen.

»Das hättest eigentlich du sein sollen«, meinte Lars.

Mia konnte sich beim besten Willen nicht vorstellen, im Fernsehen interviewt zu werden. Sie hasste es, auch nur vor zwanzig Leuten zu reden. »Nein, das ist schon in Ordnung. Bjarne kann das auch politisch viel besser einschätzen«, wehrte sie ab.

Am Ende überlegten sie noch, was aus ihrer Südafrikareise werden sollte. Mia wollte eigentlich, sobald sie wieder festen Boden unter den Füßen hatte, direkt nach Hause. Da auf Lars' Flug nach Kapstadt eine Woche später noch ein Platz frei war, einigten sie sich darauf, dass sie ihren Urlaub trotzdem machen würden. Somit hatte Mia wenigstens die Gelegenheit, etwas zur Ruhe zu kommen und sich zu erholen, vor allem aber auch mit Professor Tindal zu sprechen und herauszufinden, wie es weitergehen sollte. Denn ob die ganze Sache auch von Universitätsseite folgenlos bleiben würde, das war alles andere als sicher.

14

Mia nutzte die restliche Zeit auf dem Schiff für ihren letzten Ansatz, sodass sie nun sechs vollständige Versuche hatte, die allesamt die schädlichen Auswirkungen von Oilex auf die antarktische Krillpopulation belegten.

Bjarnes Artikel und Mias Erklärungen zu den Auswirkungen von Oilex auf das gesamte Ökosystem Antarktis schlugen ein wie kaum eine Nachricht zuvor. Bereits einen Tag später, am Samstag, berichtete über die Hälfte der norwegischen Tageszeitungen auf der Titelseite von Euroil und Oilex.

Bjarnes Auftritt in den Abendnachrichten hatte einen bleibenden Eindruck hinterlassen. Mia und Sinje, wie fast jedes Besatzungsmitglied, hatten ihn per Livestream im Aufenthaltsraum der »Kronprins Haakon« verfolgt. Mia war froh zu sehen, dass Bjarne nicht darauf aus war, sich selbst in Szene zu setzen. Er berichtete sachlich von den Ergebnissen und lieferte präzise Erklärungen über die ökologischen und politischen Auswirkungen. Noch am selben Abend wurden auf sämtlichen Petitionsplattformen in Europa und sogar in Australien Aufrufe gestartet, die Einführung von Oilex zu stoppen. Innerhalb der nächsten zwei Tage hatten alle Petitionen zusammengenommen Hunderttausende Unterzeichner. Auch ausländische Medien griffen die Geschichte auf, und bis Sonntag zum Start der Antarktiskonferenz wurde bereits in über zwanzig Sprachen über die Gefahren von Oilex berichtet.

Arvid und Petter hatten am Montagmorgen, als sie die Ergebnisse der Ausfahrt vorstellen sollten, ein leichtes Spiel. Die meisten Berater der Umweltminister hatten längst den Artikel von Bjarne Dahl gelesen und ihre Minister ausführlich informiert. Die Abstimmung am Ende der Konferenz fiel dementsprechend eindeutig aus: Es gab lediglich eine Stimme für die Zulassung von Oilex, der Rest sprach sich gegen eine Einführung aus. Niels Andersson war gar nicht erst zur Konferenz erschienen. Er brauchte kein Wissenschaftler zu sein, um zu erkennen, dass sein Projekt gescheitert war und Euroil einen erheblichen Imageschaden davontragen würde. Die Genugtuung wollte er den Journalisten nicht geben, seine Niederlage zu filmen. Also verfolgte er alleine vor dem Fernseher, wie selbst der norwegische Umweltminister, der politische Haupttreiber der Ressourcennutzung in der Antarktis, sich dem Willen seines Volkes beugte und gegen Oilex stimmte. In ihrer Abschlusserklärung verkündeten alle Staaten gemeinsam, die Nutzung der Antarktis für weitere hundert Jahre auszusetzen und strenge Regelwerke schaffen zu wollen, um die Nutzung auch darüber hinaus zu kontrollieren.

Sobald Mia zurück in Bergen war, erschien sie in Professor Tindals Büro, der sich bisher nicht über ihre Zukunft geäußert hatte. Sie konnte nicht damit aufhören, ihre Hände unter dem Schreibtisch zu kneten. Der Professor würde über ihre berufliche Zukunft entscheiden, wie würde das wohl ausgehen?

»Nun, es hat noch kein Doktorand vor Ihnen derart viel Staub aufgewirbelt«, begann Professor Tindal.

»Es tut mir wirklich leid, aber ich habe keinen anderen Ausweg gesehen.«

Der Professor nickte bedächtig.

»Ich habe seitdem jegliche Interviewanfragen abgelehnt. Ich werde mich auch nicht wieder öffentlich zu dieser Sache äußern«, versprach Mia. Sie hatte nicht vor, sich weiter ins Rampenlicht zerren zu lassen. Fast täglich hatte sie Angebote von sämtlichen Talkshows des Landes bekommen.

»Ich möchte, dass Sie noch ein letztes Interview geben. Bjarne Dahl hat mich kontaktiert und würde gerne eine Hintergrundstory schreiben.«

Mia sah Professor Tindal überrascht an. »In Ordnung, wenn Sie das wünschen?«

»Das Interview wird über meinen Schreibtisch gehen, bevor es veröffentlicht wird.«

Mia nickte. »Natürlich.«

»Danach können Sie Ihre Arbeit wieder aufnehmen.«

Mia brauchte eine Weile, bis sie die volle Bedeutung seiner Worte erfasst hatte. »Nach meinem Urlaub kann ich direkt wieder anfangen?«, hakte sie vorsichtig nach.

»Auch wenn ich Ihr Verhalten nachvollziehen kann, kann ich Sie nicht ganz ungestraft davonkommen lassen. Sie werden eine offizielle Verwarnung bekommen. Aber mal ganz abgesehen davon, dass Sie die Einführung von Oilex verhindert haben, haben Sie auch der Universität und der Forschung generell zu einer ganz neuen Aufmerksamkeit verholfen. Im Forschungsministerium werden bereits Forderungen nach einer Budgeterhöhung für die Umweltforschung laut, um weiterhin eine unabhängige Kontrolle durch Wissenschaftler zu gewähren. Das haben wir wohl zum Teil Ihnen zu verdanken. Außerdem will Bjarne Dahl Sie als Heldin der Wissenschaft in seinem Artikel darstellen, da können wir Sie wohl schlecht vor die Tür setzen. Ich erwarte allerdings, dass ich Ihren ersten Entwurf zu dem Paper über die schädlichen Auswirkungen von Oilex so schnell wie möglich auf meinem Schreibtisch habe.«

Mia nickte eifrig.

»Von einem Vertreter von Euroil habe ich eine Erklärung bekommen, dass Euroil keine rechtlichen Schritte gegen die Veröffentlichung unternehmen wird. Sie sehen ein, dass die Auswirkungen unter der guten wissenschaftlichen Praxis getestet wurden und dass die Ergebnisse nicht anfechtbar sind. Ich gehe davon aus, dass sie ihren Imageverlust auf ein Minimum beschränken wollen. Genug Aktionäre gehen schon jetzt wegen der aktuellen Meldungen auf die Barrikaden.«

Mia konnte ihr Glück kaum fassen. Sie hatte sich die persönlichen Auswirkungen des Artikels katastrophal ausgemalt, und nun sollte sie mit einem blauen Auge davonkommen? Überglücklich ging sie aus dem Büro.

Die Woche über war sie freigestellt, daher machte sie sich direkt auf den Weg zurück in Richtung ihrer Wohnung. Als sie aus dem Universitätsgebäude trat, wurde sie vom Regen überrascht. Sie nahm den Hintereingang, da am Hauptportal immer noch Journalisten lauerten, um ein Statement von ihr zu bekommen. Die würden früh genug alle wichtigen Informationen kriegen. Sie hatte jetzt anderes im Sinn. Sie musste Bjarne Dahl anrufen und ein Treffen vereinbaren. Sie konnte es ohnehin kaum erwarten, ihn persönlich kennenzulernen. Anscheinend hatte sie es nicht zuletzt ihm zu verdanken, dass die Sanktionen gegen sie so milde ausgefallen waren.

EPILOG

Ein halbes Jahr nach seinem Verschwinden war Henrik offiziell für tot erklärt worden. Seine Witwe hatte darum gebeten, die Trauerfeier nur im engsten Familienkreis abzuhalten. Also kaufte Mia eine Woche später einen großen Blumenstrauß und ging alleine zum Friedhof. Henriks Familie hatte für ihn einen Grabstein errichten lassen, unter dem symbolisch ein leerer Sarg in die Erde gesenkt worden war.

Mia legte die Blumen auf den Grabstein. Henrik war ihr Betreuer gewesen, und auch wenn sie sich persönlich nicht allzu nahegestanden hatten, war es ihr Bedürfnis und Pflicht zugleich, sich hier von ihm zu verabschieden. Sie wollte ihm davon erzählen, wie ihre Forschung die Einführung von Oilex verhindert hatte und wie sie so gemeinsam die Antarktis vor einer potenziellen Umweltkatastrophe gerettet hatten.

Wenig später wurde Bjarne für seinen Artikel in der *Dagsavisen* mit dem »Academic Journalist Price« ausgezeichnet. Mia gönnte ihm die Anerkennung von ganzem Herzen. Zur Preisverleihung lud er Mia und Lars ein, die ihn zu der glamourösen Veranstaltung mit Begeisterung begleiteten. Auf Mias Bitten hin hatte Bjarne auch eine Karte für Sinje organisiert, die Mia seit der Fahrt auf der »Kronprins Haakon« nicht mehr gesehen hatte.

Sinje war, so ganz ohne Fleecejacke und Arbeitsschuhe, in ihrem schicken Abendkleid kaum wiederzuerkennen. Überschwänglich begrüßte Mia ihre Freundin und drückte sie fest an sich. Endlich konnte sie Sinje und Lars einander vorstellen. Und auch wenn ihnen vor der Preisverleihung nicht allzu viel Zeit blieb, so kamen sie doch sofort ins Erzählen, wie es ihnen beiden seit der Schiffsreise ergangen war. Mia konnte der Versuchung nicht widerstehen, Sinje von ihrem Südafrikaurlaub zu erzählen und ihr ein paar der zahlreichen Elefanten- und Löwenfotos zu zeigen. Bis Lars seinen Arm um sie legte und lächelnd drohte, ihr das Handy wegzunehmen.

»Tut mir leid, aber es war so faszinierend. Du kennst das ja von deiner Reise. Wie hast du dich denn nach der Fahrt wieder zu Hause eingelebt?«, fragte Mia.

»Eigentlich war alles bereits nach zwei Wochen wieder wie vorher. Sobald das Schiff in weiter Ferne war, bin ich wieder in der Realität angekommen, und die ganze Anspannung ist von mir abgefallen«, berichtete Sinje. »Zum Glück, im Nachhinein betrachtet, war das schon eine ziemlich verrückte Sache, die wir da erlebt haben.«

Mia nickte und war froh, das zu hören. Sinjes Unbekümmertheit machte ihr Mut. Sie selbst hatte noch mit den Erlebnissen zu kämpfen. Nach ihrer eigenen Anhörung in Oslo vor ein paar Wochen war sie so schnell wie möglich abgereist, um die ganze Sache einfach nur hinter sich zu lassen.

Anne wurde wegen Mordes und versuchten Mordes aus niedrigen Beweggründen angeklagt, und ihr drohte im Fall einer Verurteilung die Höchststrafe von einundzwanzig Jahren Gefängnis.

Damit konnte Mia leben. Zwar würden sie die Bilder und die Erinnerungen sicher noch lange begleiten, aber die Aussicht, dass am Ende Gerechtigkeit walten würde, machte alles erträglicher. Ob sie aber jemals wieder an einer Ausfahrt in die Antarktis teilnehmen würde, das stand in den Sternen.

DANKSAGUNG

Ein herzlicher Dank gebührt meiner Agentin, Lianne Kolf, und ihrem Team dafür, dass sie an mein Manuskript geglaubt und mich auf dem Weg zur Veröffentlichung so toll unterstützt haben.

Danke an Katrin Trometer und den Rest des Benevento Verlags für die gute Zusammenarbeit. Ein großes Dankeschön geht natürlich auch an Antje Steinhäuser, die das Buch mit ihren Anmerkungen und Vorschlägen enorm bereichert hat.

Vielen Dank zudem an meine Familie, die mir über die Jahre den Rücken gestärkt und Halt geboten hat, damit ich meinen Traum erfüllen konnte. Ohne sie hätte ich nie angefangen, in der Wissenschaft zu arbeiten, und wäre nie zu diesem Buch inspiriert worden.